Paul R. Halmos

Teoria ingênua dos conjuntos

Tradução da série Undergraduate Texts *in Mathematics* da Springer-Verlag por

Lázaro Coutinho
Consultor-Matemático do
Centro de Análises de Sistemas Navais

Revisão

Paulo Henrique Viana de Barros
Professor do Departamento de Matemática da PUC - RJ

Translation from the English language edition:
Naive Set Theory by Paul R. Halmos

Editor: Paulo André P. Marques
Supervisão Editorial: Carlos Augusto L. Almeida
Produção Editorial: Friedrich Gustav Schmid Junior
Capa e Layout: Renato Martins
Diagramação e Digitalização de Imagens: Érika Loroza
Tradução: Lázaro Coutinho
Revisão: Paulo Henrique Viana de Barros
Assistente Editorial: Daniele M. Oliveira

FICHA CATALOGRÁFICA

Halmos, Paul R.
Teoria ingênua dos conjuntos
Rio de Janeiro: Editora Ciência Moderna, 2001.

Matemática; conjuntos numéricos
I — Título

ISBN: 85-7393-141-8 CDD 511

Editora Ciência Moderna Ltda.
R. Alice Figueiredo, 46 – Riachuelo
Rio de Janeiro, RJ – Brasil CEP: 20.950-150
Tel: (21) 2201-6662/ Fax: (21) 2201-6896
E-MAIL: LCM@LCM.COM.BR
WWW.LCM.COM.BR

Prefácio

Os matemáticos concordam que todo matemático deve conhecer alguma coisa de teoria dos conjuntos; o desacordo começa ao tentar decidir o quanto deve ser. Este livro é a minha resposta a esta questão. O propósito do livro é dizer ao estudante iniciante de matemática avançada os fatos básicos da teoria dos conjuntos e fazer isto com o mímino de discurso filosófico e formalismo lógico. O ponto de vista do início ao fim é o de um matemático em formação, ansioso para estudar grupos, integrais ou variedades. Sendo assim os conceitos e métodos deste livro são meramente algumas das usuais ferramentas matemáticas; o experiente especialista não encontrará aqui nada de novo.

Indicação de estudo e referências bibliográficas não cabem num livro de exposição como este. O estudante que esteja interessado na teoria dos conjuntos, por si mesma, e visando seu interesse deveria saber, contudo, que há muito mais do assunto do que consta neste livro. Uma das mais belas fontes de conhecimento em teoria dos conjuntos continua sendo a ***TEORIA DOS CONJUNTOS DE HAUSDORFF***. Uma recente e altamente recomendável incorporação à literatura, com uma extensiva e atualizada bibliografia é a ***TEORIA AXIOMÁTICA DOS CONJUNTOS de Suppes.***

Em teoria dos conjuntos as palavras *"ingênua"* e *"axiomática"* são palavras contrastantes. O presente tratamento seria melhor descrito por teoria axiomática dos conjuntos sob um ponto de vista ingênuo. É axiomática no sentido que alguns axiomas são estabelecidos e usados como suporte para todas as provas subseqüentes. É ingênua no que diz respeito à linguagem e notação usual da matemática informal (embora formalizável). Um modo mais importante, em que o ponto de vista ingênuo predomina, é que a teoria dos conjuntos é apresentada como um corpo de fatos, dos quais os axiomas constituem uma curta e sumária síntese; na ortodoxa visão axiomática as relações lógicas entre os vários axiomas constituem os objetos centrais de estudo. De modo análogo, um estudo de geometria deve ser considerado como puramente ingênuo se for desenvolvido somente com a intuição tendo por modelo dobraduras de papel; o outro extremo, o axiomático puro, é aquele onde os axiomas para as várias geometrias não-euclidianas são estudados com a mesma intensidade e atenção como os de Euclides. Análogo ao ponto de vista deste livro é o estudo de um racional conjunto de axiomas com a intenção de descrever somente a geometria euclidiana.

Em vez de ***TEORIA INGÊNUA DOS CONJUNTOS***, um título mais honesto para o livro teria sido um ***RESUMO DOS ELEMENTOS DA TEORIA INGÊNUA DOS CONJUNTOS***. ***"Elementos"*** preveniria o leitor de que nem tudo está aqui; ***"resumo"*** o avisaria que mesmo o que aqui está, necessita de uma complementação. O estilo é acentuadamente informal ao ponto de tornar-se o de uma conversação. Há muito poucos teoremas no desenvolvimento; muitos dos fatos são enunciados e seguidos pelo esboço de uma prova, enunciados como o seriam numa aula descritiva. Há somente uns poucos exercícios, oficialmente assim chamados, mas, de fato, grande parte do livro é nada mais do que uma longa cadeia de exercícios com sugestões. O leitor deveria continuamente ir se perguntando se sabe como ir de uma sugestão à seguinte, e, é claro, não deveria sentir-se desestimulado, se achar que o ritmo de leitura é consideravelmente mais lento do que o normal.

Isto não quer dizer que os segmentos deste livro são difíceis ou profundos fora do normal. A verdade é que os conceitos são muito gerais e abstratos, e assim, portanto exigem esforço para se acostumarem com eles. É um truismo matemático, todavia, que quanto mais geral é um teorema, menos profundo ele é. A tarefa do estudante ao aprender teoria dos conjuntos e mergulhar-se em essencialmente generalizações pouco profundas e não familiares até que se tornem familiares de modo que possam ser usadas com o mínimo de esforço consciente. Em outras palavras, teoria geral dos conjuntos é uma bagagem realmente trivial, mas, se você deseja ser um matemático, precisa conhecer alguma coisa a respeito, que aqui está; leia-o, absorva-o e esqueça-o.

Nota do tradutor

A tradução deste livro do prof. Halmos não foi uma tarefa fácil. O seu estilo informal, apresentando alguns neologismos e, principalmente, a sua liberdade na pontuação da escrita, tornam certas partes do texto sem um correspondente direto para o português. Um desses exemplos é o termo ***"singleton"*** no original para denominar o conjunto com um só elemento

Optei por traduzi-lo por ***"singleto"***, procurando manter-me fiel à idéia do autor ao querer dar um nome especial ao conjunto unitário. Esta posição, por mim assumida, reforça o conceito de que o tradutor é cúmplice do autor, contudo, algumas eventuais "liberdades" que mesmo assim possam ter surgido na tradução fazem parte, também, em última análise, daquela cumplicidade.

LC.

Obs: *As notas de rodapé que acompanham o texto são assinadas algumas pelo tradutor* ***(N.T.)*** *e outras pelo revisor* ***(N.R.)****.*

Sumário

Prefácio III
Seção 1 - O axioma da extensão 1
Seção 2 - O axioma da especificação 7
Seção 3 - Pares não-ordenados 13
Seção 4 - Uniões e interseções 19
Seção 5 - Complementos e potências 27
Seção 6 - Pares ordenados 35
Seção 7 - Relações 43
Seção 8 - Funções 49
Seção 9 - Famílias 55
Seção 10 - Inversas e compostas 61
Seção 11 - Números 69
Seção 12 - Os axiomas de Peano 77
Seção 13 - Aritmética 83
Seção 14 - Ordem 91
Seção 15 - O axioma da escolha 99
Seção 16 - Lema de Zorn 105
Seção 17 - Boa ordenação 111
Seção 18 - Recursão transfinita 119
Seção 19 - Números ordinais 127
Seção 20 - Conjuntos de números ordinais 133
Seção 21 - Aritmética ordinal 139
Seção 22 - O Teorema de Schröder–Bernstein 147
Seção 23 - Conjuntos contáveis 153
Seção 24 - Aritmética cardinal 159
Seção 25 - Números cardinais 167
Índice 175

Ao leitor

Este livro estabelece em linguagem informal da Matemática os fatos fundamentais da Teoria dos Conjuntos, os quais o estudante principiante de matemática avançada precisa saber.

Devido ao método de apresentação, sem formalismos, o texto é adequado a um curso regular sobre o assunto ou ao autodidata. O leitor deve extrair deste notável trabalho do professor Halmos um máximo de entendimento da teoria aqui exposta, bem como da sua importância lógica no estudo da Matemática.

O Editor

Seção 1

O axioma da extensão

Uma matilha de lobos, um cacho de uvas, ou um bando de pombos são todos exemplos de conjunto de coisas. O conceito matemático de um conjunto pode ser usado como o fundamento para todo conhecimento matemático. O propósito deste pequeno livro é desenvolver as propriedades básicas dos conjuntos. Incidentalmente, para evitar uma terminologia monótona, falaremos algumas vezes de ***COLEÇÃO*** em vez de conjunto. O termo ***"classe"*** é também usado neste contexto, mas existe um ligeiro perigo em fazer isto. A razão é que em certas abordagens da teoria dos conjuntos ***"classe"*** adquire um significado técnico especial. Um pouco mais adiante teremos ocasião de nos referirmos a isto novamente.

Uma coisa que o desenvolyimento não incluirá é a definição de conjuntos. A situação é análoga à familiar abordagem axiomática da geometria elementar. A abordagem não oferece uma definição de pontos e retas; em vez disto descreve o que se pode fazer com aqueles objetos. O ponto de vista semi-axiomático aqui adotado assume que o leitor tem a usual, humana, intuitiva e (freqüentemente errônea) compreensão do que são conjuntos; o propósito da exposição é delinear algumas das muitas coisas que se pode fazer corretamente com eles.

Conjuntos, como são usualmente concebidos, possuem ***ELEMENTOS*** ou ***MEMBROS***. Um elemento de um conjunto pode ser um lobo, uma uva, ou um pombo. É importante saber que mesmo um conjunto pode ser também um elemento de um outro conjunto. A Matemática está cheia de exemplos de conjuntos de conjuntos. Uma reta, por exemplo, é um conjunto de pontos; o o conjunto de todas as retas do plano é um exemplo natural de um conjunto de conjuntos (de pontos). O que pode ser surpreendente não é tanto o fato de conjuntos aparecerem como elementos, mas que para as finalidades matemáticas jamais outros elementos precisam ser considerados. Neste livro, em particular estudaremos conjuntos, e conjuntos de conjuntos, e outras torres semelhantes algumas vezes de altura e complexidade assutadoras – e nada mais. A guiza de exemplos poderemos ocasionalmente falar de conjuntos de repolhos*, reis, e coisas semelhantes, mas tal liberdade é sempre admitida só para

---

** De "cabbages and kings" do original inglês de uma poesia do famoso professor de matemática Lewis Carroll, autor de Alice no País das Maravilhas.*
" The time has come, the Walrus said,/ to talk of many things:/ Of shoes – and ships – and sealing wax - / Of cabbages – and kings - / And why the sea boiling hot - / And whether pigs have wings". Em português: "Chegou a hora, disse a morsa, / De falar sobre muitas coisas:/ Sobre sapatos – e navios – e cola/ - Repolhos – e reis - / E sobre porque o mar está fervendo/ E sobre se porcos tem asas". N. R.

esclarecer uma comparação, e nunca como uma parte da teoria que esta sendo tratada.

O principal conceito da teoria dos conjuntos, que nos estudos completamente axiomáticos completos é o mais importante termo primitivo (não definido), é o que fala de ***PERTINÊNCIA***. Se **x** pertence a **A** (**x** é um elemento de **A**, **x** está *contido* em **A**), escreveremos:

$$\mathbf{x} \in \mathbf{A}$$

Esta versão da letra grega epsilon é tantas vezes usada para denotar pertinência que o seu emprego é proibido para indicar qualquer outra coisa. A maioria dos autores deixa $\in$ para sempre na teoria dos conjuntos e usa $\in$ quando necessita da quinta letra do alfabeto grego.

Talvez uma breve digressão sobre a denominação alfabética na teoria dos conjuntos seja útil. Não há nenhuma razão obrigatória para usar letras minúsculas e maiúsculas como no parágrafo anterior; poderíamos ter escrito e muitas vezes escreveremos, coisas como $\mathbf{x} \in \mathbf{y}$ e $\mathbf{A} \in \mathbf{B}$. Sempre que possível, entretanto, informalmente indicaremos o status de um conjunto em uma particular hierarquia sob consideração por meio da convenção que as letras do início do alfabeto denotam elementos, e letras do fim do alfabeto indicam os conjuntos que os contém; analogamente, letras de um estilo simples denotam elementos, e letras de corpo maior ou de fontes pomposas identificam os conjuntos. Exemplos:

$$\mathbf{x} \in \mathbf{A}\,,\ \mathbf{A} \in \mathbf{X}\,,\ \mathbf{X} \in \mathbf{C}$$

Uma possível relação entre conjuntos, mais elementar do que a de pertinência, é a de ***IGUALDADE***. A igualdade de dois conjuntos **A** e **B** é universalmente denotada pelo familiar símbolo:

$$\mathbf{A} = \mathbf{B}^{*}$$

O fato de **A** e **B** não serem iguais é expresso escrevendo:

$$\mathbf{A} \neq \mathbf{B}$$

A mais básica propriedade da pertinência é sua relação com a igualdade, e que pode ser assim formulada.

Axioma da Extensão . Dois conjuntos são iguais se e somente se eles têm os mesmos elementos.

De uma forma mais pretenciosa e menos clara: um conjunto é determinado por sua extensão.

É valioso entender que o axioma da extensão não é só uma propriedade logicamente necessária de igualdade, mas uma proposição não trivial sobre pertinência. Uma forma de entender a questão é considerar uma situação parcialmente análoga em que o equivalente do axioma da extensão não é válido. Suponha, por exemplo, que consideramos seres humanos em vez de conjuntos, e que, se **x** e **A** são seres humanos, e escrevemos $\mathbf{x} \in \mathbf{A}$ sempre que **x** é um ancestral de **A**. (Os ancestrais de um ser humano sendo seus

---

* *O sinal de igualdade (=) foi criado em 1557 pelo inglês Robert Record. Esse matemático justificou a adoção de um par de segmentos de reta paralelos como símbolo de igualdade alegando "não poder haver duas coisas mais iguais".* ***N. T.***

pais, os pais de seus pais, os pais destes últimos, etc, etc.). O análogo do axioma da extensão poderíamos dizer que se dois seres humanos são iguais, então eles têm os mesmos ancestrais (esta é a parte ***"somente se"***, e é verdade), e também que se dois seres humanos têm os mesmos ancestrais, então eles são iguais (esta é a parte ***"se"***, e é falso).

Se **A** e **B** são conjuntos e se todo elemento de **A** é um elemento de **B**, dizemos que **A** é um subconjunto de **B**, ou **B** contém **A**, e escrevemos:

$$\mathbf{A} \subset \mathbf{B}$$

ou

$$\mathbf{B} \supset \mathbf{A}$$

A formulação da definição implica que todo conjunto deve ser considerado como contendo a si mesmo (**A** ⊂ **A**); este fato é descrito por dizer que a inclusão é ***REFLEXIVA***. (Note que, no mesmo sentido da palavra, a igualdade também é reflexiva). Se **A** e **B** são conjuntos tais que **A** ⊂ **B** e **A** ≠ **B**, a palavra ***PRÓPRIO*** é usada (subconjunto próprio, inclusão própria). Se **A**, **B** e **C** são conjuntos tais que **A** ⊂ **B** e **B** ⊂ **C**, então **A** ⊂ **C**; este fato é descrito dizendo que a inclusão é ***TRANSITIVA***. (esta propriedade é também satisfeita pela igualdade).

Se **A** e **B** são conjuntos tais que **A** ⊂ **B** e **B** ⊂ **A**, então **A** e **B** têm os mesmos elementos e portanto, pelo axioma da extensão, **A** = **B**. Este fato é descrito dizendo-se que a inclusão é ***ANTI-SIMÉTRICA***. (Neste sentido a inclusão comporta-se diferentemente da igualdade. Igualdade é uma relação ***SIMÉTRICA***, no sentido que se **A** = **B**, então necessariamente, **B** = **A**). O axioma da extensão pode, na verdade, ser reformulado nestes termos: se **A** e **B** são conjuntos, então a condição necessária e suficiente para que se tenha **A** = **B** é que as duas coisas **A** ⊂ **B** e **B** ⊂ **A** acontecem. Conseqüentemente, quase todas as provas de igualdade entre dois conjuntos **A** e **B** se dividem em duas partes; deve-se primeiro mostrar que **A** ⊂ **B** e depois então mostrar que **B** ⊂ **A**.

Observe que a pertinência (∈) e a inclusão (⊂) são na verdade coisas conceitualmente diferentes. Uma importante diferença já se manifestou acima: a inclusão é sempre reflexiva, enquanto não ficou totalmente claro se a pertinência é sempre reflexiva. Isto é: A ⊂ A é sempre verdade; enquanto A ∈ A é sempre verdade? É certamente não verdadeiro para todo conjunto bem comportado que alguém tenha visto. Observe, na mesma linha de raciocínio, que a inclusão é transitiva, enquanto a pertinência não o é. Exemplos do dia-a-dia, envolvendo, por exemplo, super organizações cujos membros são organizações, de pronto ocorrerão ao leitor interessado.

Seção 2

O axioma da especificação

Todos os princípios básicos da teoria dos conjuntos, exceto o axioma da escolha, são estabelecidos para construir novos conjuntos a partir de antigos. O primeiro e mais importante desses princípios básicos de construção de conjuntos diga-se assim, grosseiramente falando, qualquer coisa que se diz inteligentemente a respeito dos elementos de um conjunto especifica um subconjunto, ou seja, o subconjunto daqueles elementos a respeito dos quais a afirmação é verdadeira.

Antes da formulação desse princípio em termos exatos, vejamos um exemplo heurístico. Seja **A** o conjunto de todos os homens. A sentença "**x** é casado" é verdade para alguns elementos **x** de **A** e falsa para outros. O princípio que estamos ilustrando é o que justifica a passagem de um dado conjunto **A** para o subconjunto (ou seja, o conjunto de todos os homens casados) especificado pela dada sentença. Para indicar a geração do subconjunto é usual denotá-lo por:

$$\{\mathbf{x} \in \mathbf{A}: \mathbf{x} \text{ é casado}\}$$

Analogamente

$$\{\mathbf{x} \in \mathbf{A}: \mathbf{x} \text{ não é casado}\}$$

é o conjunto de todos os solteiros;

$$\{\mathbf{x} \in \mathbf{A}: \text{o pai de } \mathbf{x} \text{ é } \textit{Adão}\}$$

é o conjunto que contém ***Caim*** e ***Abel*** e nada mais; e

$$\{\mathbf{x} \in \mathbf{A}: \mathbf{x} \text{ é o pai de Abel}\}$$

é o conjunto que contém ***Adão*** e nada mais. Aviso: uma caixa que contém um chapéu e nada mais não é a mesma coisa que um chapéu, e da mesma maneira, o último conjunto da lista de exemplo não é para ser confundido com *Adão*. A analogia entre conjuntos caixas tem muitos pontos fracos, mas às vezes fornece um prestativ retrato dos fatos.

Tudo o que está faltando para uma formulação precisa do que sob os exemplos acima, é uma definição de ***SENTENÇA***. Aqui uma rápida e informal. Há dois tipos básicos de sentenças, ou ja, afirmações de pertinência,

$$\mathbf{x} \in \mathbf{A},$$

e afirmações de igualdade,

$$\mathbf{A} = \mathbf{B};$$

todas as outras sentenças são obtidas de tais sentenças ***ATÔMICAS*** por aplicações repetidas dos usuais operadores lógicos, sujeitos somente às cortesias mínimas de grámatica e não-ambigüidade. Para tornar a definição mais explícita (e mais longa) é necessário justapor a ela uma lista dos "operadores lógicos usuais" e as regras de sintaxe. Uma adequada (e, na verdade, redundante) lista desses operadores contém sete itens:

E

OU (no sentido de "um ou outro – ou – ou ambos"),

NÃO,

SE – ENTÃO – (ou IMPLICA)

SE E SOMENTE SE,

PARA ALGUM (ou existe)

PARA TODO

Como regras de construção de sentenças, elas podem ser descritas como segue. **(i)** coloque ***"não"*** antes de uma sentença e encerre o resultado com parênteses. (A razão para o emprego do parênteses, aqui e abaixo é para garantir a não-ambigüidade. Note, incidentalmente, que eles tornam todos os outros símbolos de pontuação desnecessários. O equipamento completo de parênteses que a definição de sentença pede é raramente necessário. Sempre que for seguro, não acarretando confusão, omitiremos tantos quantos forem os parênteses desnecessários. Na prática matemática normal, a ser seguida neste livro, vários e diferentes tamanhos e formas de parênteses são empregados, mas isto é apenas para atender a comodidade visual). **(ii)** Escreva ***"e"*** ou ***"ou"*** ou ***"se e somente se"*** entre duas sentenças e encerre o resultado com os parênteses. (**iii**) Substitua os traços em ***"se – então – "*** por sentenças e feche o resultado com parênteses. (**iv**) Substitua o traço em ***"para algum – "*** ou em ***"para todo – "*** por uma letra, a seguir acrescente uma sentença, e encerre tudo em parênteses. (Se a letra empregada não ocorrer na sentença, não afeta em nada). De acordo com a convenção usual e natural "para algum **y** (**x** ∈ **A**)" quer dizer "**x** ∈ **A**". É natural igualmente inofensivo se a letra usada já tenha sido empregada com ***"para algum – "*** ou ***"para todo – "***. Relembre que ***"para algum*** **x** (x ∈ **A**) " significa o mesmo que ***"para algum*** **y** (**y** ∈ **A**)"; segue-se, portanto, que uma mudança criteriosa de notação evitará sempre colisões alfabéticas).

Estamos agora prontos para formular o princípio mais importante da teoria dos conjuntos, muitas vezes referido por seu nome alemão ***AUSSONDERUNGSAXIOM.****

Axioma da Especificação. Para todo conjunto **A** e toda condição **S(x)** corresponde um conjunto **B** cujos elementos são exatamente aqueles elementos **x** de **A** para os quais **S(x)** é válida.

Uma *"condição"* aqui é somente uma sentença. O simbolismo tem por finalidade indicar que a letra **x** é **LIVRE** na sentença **S(x)**; isto significa que **x** ocorre em **S(x)** pelo menos uma vez sem ser introduzida por uma das frases ***"para algum x"*** ou ***"para todo x"***. Uma conseqüência imediata do axioma da extensão é que o axioma da especificação determina o conjunto **B** de maneira única. Para indicar o modo como **B** é obtido de **A** e de **S(x)** é usual escrever:

$$B = \{x \in A : S(x)\}.$$

---

* *O nome em alemão do axioma está no fato de ter sido o matemático alemão **Georg Cantor**, criador da teoria dos conjuntos quem o assim denominou pela primeira vez. N.T*

Para obter uma interessante e instrutiva aplicação do axioma da especificação, considere, no papel de **S(x)**, a sentença:

Não é verdade que (x $\in$ x).

Será conveniente, daqui para a frente, escrever "**x** $\in$**' A**" (ou de modo alternativo "**x** $\notin$ **A**") no lugar de "***não é verdade*** que **(x** $\in$ **A)**" ; nesta notação, o papel de **S(x)** é agora desempenhado por:

x $\in$**' x.**

Segue-se então que, qualquer que possa ser o conjunto **A**, se **B** = **{x** $\in$ **A: x** $\in$**' x}**, então, para todo **y**,

(*) y $\in$ B ***se e somente se*** (y $\in$ A e y $\in$' y)

Pode acontecer que **B** $\in$ **A**? Vamos provar que a resposta é não. De fato, se **B** $\in$ **A**, então também **B** $\in$ **B** (improvável, mas não obviamente impossível), ou então, **B** $\in$**' B**. Se **B** $\in$ **B**, por **(*)**, a afirmação **B** $\in$ **A** acarreta **B** $\in$ **B** – uma contradição. Se **B** $\in$**' B**, por **(*)** novamente, a afirmação **B** $\in$ **A** acarreta **B** $\in$**' B** – de novo uma contradição. Isto completa a prova que **B** $\in$ **A** é impossível, sendo assim devemos ter **B** $\in$**' A.** A parte mais interessante desta conclusão é que existe alguma coisa (ou seja **B**) que não pertence a **A**. O conjunto **A** neste argumento é bastante arbitrário. Em outras palavras, provamos que:

nada contém tudo,

ou, mais espetacularmente,

Não existe universo algum.

"Universo" aqui é empregado no sentido de "universo de discurso", significando, em qualquer discussão particular, um conjunto que contém todos os objetos que entram nessa discussão.

Uma abordagem mais antiga (pré-axiomática) da teoria dos conjuntos, a existência de um universo era tida como garantida, e o argumento do parágrafo precedente era conhecido como ***PARADOXO DE RUSSEL****.A moral está em que é impossível, especialmente em Matemática, tirar alguma coisa do nada. Para especificar um conjunto, não é suficiente só pronunciar algumas palavras mágicas (as quais podem formar uma sentença tal como "**x** ∈' **x**") ; é necessário ter também, à mão, um conjunto cujos elementos as palavras mágicas se aplicam.

---

* *O paradoxo de Russel é parodiado pela seguinte situação: Em uma cidade existe um barbeiro que só barbeia as pessoas que não podem barbear a si mesmos. Agora, a pergunta: quem faz a barba do barbeiro? Ele não pode fazer a barba de si mesmo, pois, pelas normas da cidade, ele só pode fazer a barba de quem não pode fazer a sua própria barba. Então teria que ser outra pessoa a fazer a sua barba. Mas aí o barbeiro estaria na condição de não poder fazer a própria barba, e, neste caso, ele entraria no rol das pessoas que poderiam ser barbeadas por ele. Em resumo, qualquer que seja a resposta para a pergunta seremos conduzidos a uma contradição.* ***N.T.***

Seção 3

Pares não-ordenados

Por tudo que foi dito até agora, poderíamos estar operando no vácuo. Para dar à discussão alguma substância, vamos oficialmente assumir que

EXISTE UM CONJUNTO.

Já que mais tarde formularemos uma hipótese existencial mais profunda e útil, esta aqui desempenha apenas um papel temporário. Uma conseqüência dessa aparente inócua hipótese é que existe um conjunto sem elementos. De fato, se **A** é um conjunto, aplica-se o axioma da especificação a **A** com a sentença "$\mathbf{x \neq x}$" (ou, o que dá no mesmo, com qualquer outra sentença universalmente falsa). O resultado é o conjunto $\mathbf{\{x \in A : x \neq x\}}$, e este conjunto, é claro, não tem elemento algum. O axioma da extensão implica que só pode existir um único conjunto sem elemento. O símbolo usual para este conjunto é:

$$\varnothing;$$

o qual é denominado **CONJUNTO VAZIO**.

O conjunto vazio é um subconjunto de qualquer conjunto, ou em outras palavras, $\varnothing \subset \mathbf{A}$ para todo **A**. Para estabelecer isto podemos raciocinar do seguinte modo. Tem-se que provar que todo elemento em $\varnothing$ pertence a **A** ; desde que não existe nenhum elemento em $\varnothing$, a condição é automaticamente satisfeita. O raciocínio está correto mas talvez insatisfatório. Sendo um exemplo típico de um fenômeno freqüente, uma condição se escorando num sentido ***"vazio"*** , uma palavra de alerta ao leitor inexperiente deve ser dita. Para provar que algo é verdadeiro para o conjunto azio, prova-se antes que o mesmo não pode ser falso. Como, por exemplo, poderia ser falso que $\varnothing \subset \mathbf{A}$? Poderia ser falso somente se $\varnothing$ tivesse um elemento que não pertencesse a **A**. Desde que o $\varnothing$ não possui nenhum elemento, tem-se um absurdo. Conclusão: $\varnothing \subset \mathbf{A}$ não é falso, e portanto $\varnothing \subset \mathbf{A}$ para todo **A**.

A teoria dos conjuntos desenvolvida até agora é algo ainda muito pobre; pois tudo que sabemos é que existe um só conjunto e que este é vazio. Existem conjuntos suficientes para garantir que todo conjunto é elemento de algum conjunto? Será que para quaisquer dois conjuntos existe um terceiro a que ambos pertençam? O que dizer a respeito de três, ou quatro, ou um número qualquer de conjuntos? Precisamos de um novo princípio de construção de conjuntos para resolver tais questões. O seguinte princípio é um bom começo.

Axioma da Paridade. Para dois conjuntos quaisquer existe um conjunto a que ambos pertencem.

Note que isto é justamente a resposta afirmativa à segunda pergunta acima.

Para evitar preocupações, vamos logo avisar que palavras tais como ***"dois"***, ***"três"*** e ***"quatro"***, usadas acima, não se referem aos conceitos matemáticos que levam aqueles nomes, os quais definiremos mais tarde ; no presente, tais palavras são nada mais do que as abreviações lingüísticas usuais para ***"alguma coisa e mais alguma coisa"*** repetidas um apropriado número de vezes. Assim, por exemplo, o axioma da paridade, numa forma mais explícita, diz que se **a** e **b** são conjuntos, então existe um conjunto **A** tal que $\mathbf{a} \in \mathbf{A}$ e $\mathbf{b} \in \mathbf{A}$.

Uma conseqüência (na verdade uma formulação equivalente) do axioma da paridade é que para quaisquer dois conjuntos existe um conjunto que contém ambos e nada mais. Naturalmente, se **a** e **b** são conjuntos, e se **A** é um conjunto tal que $\mathbf{a} \in \mathbf{A}$ e $\mathbf{b} \in \mathbf{A}$, podemos aplicar o axioma da especificação para **A** com a sentença "$\mathbf{x} = \mathbf{a}$ ou $\mathbf{x} = \mathbf{b}$". O resultado é o conjunto:

$$\{\mathbf{x} \in \mathbf{A} : \mathbf{x} = \mathbf{a} \ \text{ ou } \ \mathbf{x} = \mathbf{b}\},$$

e este conjunto, obviamente, contém apenas **a** e **b**. O axioma da extensão garante que só pode existir um conjunto com esta propriedade. O símbolo usual para o conjunto em questão é:

$$\{\mathbf{a} \ ; \ \mathbf{b}\};$$

e tal conjunto é chamado de **PAR** (ou, para efeito de ênfase na comparação com um conceito subseqüente, o **PAR NÃO-ORDENADO**) formado por **a** e **b**.

Se, temporariamente, nos referirmos à sentença "**x = a ou x = b**" como **S(x)**, podemos expressar o axioma da paridade dizendo que existe um conjunto **B** tal que

$$(*) \qquad x \in B \text{ se e somente se } S(x).$$

O axioma da especificação, aplicado ao conjunto **A**, assegura a existência de um conjunto **B** tal que:

$$(**) \qquad x \in B \text{ se e somente se } (x \in A \text{ e } S(x)).$$

A relação entre **(*)** e **(**)** caracteriza algo que ocorre freqüentemente. Todos os demais princípios de construção são casos pseudo-especiais do axioma da especificação no sentido em que **(*)** é um caso pseudo-especial de **(**)**. Eles todos garantem a existência de um conjunto especificado por uma certa condição; se é sabido antes que existe um conjunto contendo todos os elementos especificados, então a existência de um conjunto contendo justamente esses elementos constituiria na verdade um caso especial do axioma da especificação.

Se **a** é um conjunto, podemos formar o par não-ordenado. **{a, a}** Este par não-ordenado é denotado por

$$\{a\}$$

e chamado de ***SINGLETO*** de **a**; é caracterizado de forma única pela afirmação de que **a** é o seu único elemento. Assim, por exemplo, $\varnothing$ e $\{\varnothing\}$ são conjuntos bem distintos; o primeiro não possui elementos, enquanto o último tem o único elemento $\varnothing$. Para afirmar que $a \in A$ equivale dizer que $\{a\} \subset A$.

O axioma da paridade assegura que todo conjunto é elemento de algum conjunto e que quaisquer dois conjuntos são simultaneamente elementos de algum único conjunto. (As questões correspondentes a três e quatro ou mais conjuntos serão respondidas mais tarde). Outra observação pertinente diz respeito as hipóteses que temos feito até aqui, as quais permitem-nos garantir na verdade a existência de um grande número de conjuntos. Tomemos os exemplos de conjuntos $\varnothing$, $\{\varnothing\}$, $\{\{\varnothing\}\}$, $\{\{\{\varnothing\}\}\}$, etc. ; considere os pares, tais como $\{\varnothing, \{\varnothing\}\}$, formados por quaisquer dois deles. Considere os pares formados por qualsquer dois desses pares, ou de pares mistos ou mais formados por um **SINGLETO** e um par qualquer; e proceda assim **"AD INFINITUM"**.

Exercício. Todos os conjuntos obtidos dessa forma são distintos um do outro?

Antes de darmos continuação ao nosso estudo de teoria dos conjuntos, façamos por um momento, uma pausa para discutir um procedimento de notação.

Parece natural denotar o conjunto **B** descrito em **(*)** por **{x ; S(x)}**; no caso especial em que lá foi considerado, escreve-se:

$$\{x : x = a \text{ ou } x = b\} = \{a, b\}.$$

Usaremos este simbolismo sempre que for conveniente e permitido fazê-lo. Se, isto é, **S(x)** é uma condição a respeito de **x** tal que os **x's** que **S(x)** especifica constituem um conjunto, então podemos denotar o conjunto por

$$\{x : S(x)\}.$$

No caso de **A** ser um conjunto e a condição **S(x)** for **(x ∈ A)**, então é permitido formar **{x : S(x)}**; de fato

$$\{x : x \in A\} = A.$$

Se **A** é um conjunto e **S(x)** uma sentença arbitrária, é admissível formar $\{x : x \in A \text{ e } S(x)\}$; este é o mesmo conjunto que o $\{x \in A : S(x)\}$. Como mais exemplos, temos:

$$\{x : x \neq x\} = \varnothing$$

$$\{x : x = a\} = \{a\}.$$

No caso de **S(x)** ser a sentença $(x \in' x)$, ou no caso de **S(x)** vir a ser $(x = x)$, os especificados **x's** não constituem um conjunto.

A despeito da afirmação que diz que nunca se tira alguma coisa do nada, parece um pouco grosseiro dizer que certos conjuntos não são realmente conjuntos, e mesmo que seus nomes nunca devam ser mencionados. Algumas abordagens da teoria dos conjuntos tentam amenizar tal crítica fazendo um sistemático uso desses conjuntos ilegais mas sem denominá-los de conjuntos; a costumeira palavra é ***"classe"***. A precisa explicação do que são realmente classes e como são usadas é irrevelante no presente tratamento. Grosseiramente falando, uma classe pode ser identificada com a condição (sentença), ou, melhor, com a ***"extensão"*** de uma condição.

Seção 4

Uniões e interseções

Se **A** e **B** são conjuntos, é natural querer às vezes unir seus elementos dentro de um conjunto que os compreenda. Uma maneira de descrever tal conjunto compreensivo é exigir que ele contenha todos os elementos que pertençam a pelo menos um dos membros do par **{A, B}**. Esta formulação sugere uma generalização abrangente de si mesma; certamente uma construção semelhante poderia ter sido aplicada a coleções arbitrárias de conjuntos e não só a pares de conjuntos. O que se deseja, em outras palavras, é o seguinte princípio de construção de conjuntos.

Axioma das Uniões. Para toda coleção de conjuntos existe um conjunto que contém todos os elementos que pertencem a pelo menos um dos conjuntos da dada coleção.

Aqui está outra vez: para toda coleção C existe um conjunto **U** tal que se **x** ∈ **X** para algum **X** em C, então **x** ∈ **U**. (Note que *"pelo menos um"* é o mesmo que ***"algum"***).

O compreensivo conjunto **U** descrito acima pode ser muito compreensivo; ele pode conter elementos que não pertençam a nenhum dos conjuntos **X** na coleção C. Isto é fácil de remediar; basta aplicar o axioma da especificação para formar o conjunto:

$$\{x \in U : x \in X \text{ para algum } X \text{ em } C\}.$$

(A condição aqui é uma passagem para o uso idiomático matematicamente mais aceitável de "*para algum* **X (x** ∈ **X e X** ∈ C**)".)** Segue-se que, para todo **x**, uma condição necessária e suficiente para **x** pertencer a este conjunto é que **x** pertence a **X para algum X em** C. Se mudamos a notação e chamamos outra vez o novo conjunto de **U**, então:

$$U = \{x : x \in X \text{ para algum } X \text{ em } C\}.$$

Este conjunto **U** é chamado de **UNIÃO** da coleção C de conjuntos; note que o axioma da extensão garante sua unicidade. O símbolo mais simples para **U** de uso comum não é muito popular nos círculos matemáticos; é o :

$$\cup C.$$

A maioria dos matemáticos preferem algo como:

$$\cup \{X : X \in C\}$$

ou

$$\cup_{X \in C} X.$$

Outras alternativas são encontradas em certos casos especiais importantes; eles serão descritos na devida ocasião.

Por hora vamos restringir nosso estudo da teoria das uniões somente aos fatos mais simples. O mais simples de todos é este:

$$\mathbf{U}\,\{X : X \in \varnothing\} = \varnothing,$$

E a seguir o fato mais simples é este:

$$\mathbf{U}\,\{X : X \in \{A\}\} = A.$$

Na simples e brutal notação mencionada acima estes fatos são expressos por:

$$\mathbf{U}\,\varnothing = \varnothing$$

$$\mathbf{U}\,\{A\} = A.$$

As provas são de imediato tiradas das definições.

Há mais uma pequena substância na união de pares de conjuntos (a qual deu início a toda essa discussão). Neste caso uma especial notação é usada:

$$\mathbf{U}\,\{X : X \in \{A, B\}\} = A \cup B.$$

A definição geral de uniões implica no caso especial que $x \in A \cup B$ se e somente se **x** pertence a **A** ou a **B** ou a ambos; segue-e que:

$$A \cup B = \{x : x \in A \text{ ou } x \in B\}$$

Aqui estão alguns fatos facilmente provados a respeito das uniões de pares:

$$A \cup \varnothing = A,$$

$$A \cup B = B \cup A \text{ (comutatividade)},$$

$$A \cup (B \cup C) = (A \cup B) \cup C \text{ (associatividade)},$$

$$A \cup A = A \text{ (idempotência)},$$

$$A \subset B \text{ se e somente se } A \cup B = B.$$

Todo estudante de matemática deveria provar estas coisas para si mesmo pelo menos uma vez na vida. As provas são baseadas nas correspondentes propriedades elementares do operador lógico **OU.**

Um igualmente simples mas bastante sugestivo fato é que:

$$\{a\} \cup \{b\} = \{a, b\}.$$

O que isto sugere é o caminho para a generalização a partir de pares. Especificamente escrevemos:

$$\{a, b, c\} = \{a\} \cup \{b\} \cup \{c\}.$$

A equação define o seu lado esquerdo. O lado direito, por obrigação, deveria conter em si um par de parênteses, mas, tendo em vista a lei asssociativa, suas omissões não levam a nenhuma confusão. Uma vez que é fácil provar:

$$\{a, b, c\} = \{x : x = a \text{ ou } x = b \text{ ou } x = c\},$$

sabemos agora que para cada três conjuntos existe um conjunto que os contém e nada mais; é natural chamar este conjunto unicamente determinado da ***TRIPLA*** (não-ordenada) formada por eles. A extensão da notação e terminologia assim introduzida para mais termos (***QUÁDRUPLAS***, etc.) é óbvia.

A formação de uniões tem muitos pontos de semelhança com outra operação da teoria dos conjuntos. Se **A** e **B** são conjuntos, a ***INTERSEÇÃO*** de **A** e **B** é o conjunto:

$$\mathbf{A \cap B}$$

Definido por:

$$\mathbf{A \cap B = \{x \in A : x \in B\}.}$$

A definição é simétrica em **A** e em **B** mesmo se assim não pareça; temos:

$$\mathbf{A \cap B = \{x \in B : x \in A\}}$$

E na verdade, desde que $\mathbf{x \in A \cap B}$ se e somente **x** pertença a ambos **A** e **B**, segue-se que:

$$\mathbf{A \cap B = \{x : x \in A \text{ e } x \in B\}.}$$

Os fatos básicos a respeito de interseções, bem como suas provas, são semelhantes aos fatos básicos a respeito de uniões:

$$\mathbf{A \cap \varnothing = \varnothing,}$$

$$\mathbf{A \cap B = B \cap A,}$$

$$\mathbf{A \cap (B \cap C) = (A \cap B) \cap C,}$$

$$\mathbf{A \cap A = A,}$$

$$\mathbf{A \subset B \text{ se e somente se } A \cap B = A.}$$

Pares de conjuntos com uma interseção vazia ocorre tão freqüentemente que justifica o emprego de um termo especial para isto: se $A \cap B = \emptyset$, os conjuntos **A** e **B** são chamados ***DISJUNTOS.*** O mesmo termo é as vezes aplicado a uma coleção de conjuntos para indicar que quaisquer dois conjuntos distintos da coleção são disjuntos; em tal situação, opcionalmente, podemos falar de uma coleção ***de conjuntos DISJUNTOS*** dois-a-dois.

Dois fatos úteis a respeito de uniões e interseções envolvem as duas operações ao mesmo tempo:

$$A \cap (B \cup C) = (A \cap B) \cup (A \cap C),$$

$$A \cup (B \cap C) = (A \cup B) \cap (A \cup C).$$

Estas identidades são chamadas de ***LEIS DISTRIBUTIVAS***. Para efeito de uma amostra de prova em teoria dos conjuntos, vamos demonstrar a segunda. Se **x** pertence ao lado esquerdo, então **x** pertence ou a **A** ou a ambos **B** e **C**; se **x** está em **A**, então **x** está em ambos $A \cup B$ e $A \cup C$, e se **x** está ambos **B** e **C**, então, **x** está, outra vez, nos dois $A \cup B$ e $A \cup C$, segue-se disto, em qualquer caso que, **x** pertence ao lado direito. Isto prova que o lado direito inclui o esquerdo. Para provar a inclusão contrária*, basta observar que se **x** pertence a ambos $A \cup B$ e $A \cup C$, então **x** pertence ou a **A** ou a ambos **B** e **C**.

A formação da interseção de dois conjuntos **A** e **B**, ou melhor dito, a formação da interseção de um par **{A, B}** de conjuntos, é um caso especial de uma operação mais geral. (Isto é outro aspecto no qual a teoria das interseções imita a das uniões). A existência da operação geral da interseção depende do fato que, para toda coleção não-

---

* *Se o lado esquerdo também inclui o direito, então a igualdade se verifica.* ***N.T.***

vazia de conjuntos existe um conjunto que contém exatamente aqueles elementos que pertencem a cada um dos conjuntos da dada coleção. Em outras palavras: para toda coleção $\mathcal{C}$, outra que não $\varnothing$, existe um conjunto **V** tal que **x** $\in$ **V** se e somente **x** $\in$ **X**, para todo **X** em $\mathcal{C}$. Para provar esta afirmação seja **A** um qualquer particular conjunto em $\mathcal{C}$ (este passo é justificado pelo fato que $\mathcal{C} \neq \varnothing$) e escreva:

$$\mathbf{V} = \{\mathbf{x} \in \mathbf{A} : \mathbf{x} \in \mathbf{X} \text{ para todo } \mathbf{X} \text{ em } \mathcal{C}\}.$$

(A condição significa *"para todo* **X** (se **X** $\in \mathcal{C}$, então **x** $\in$ **X**).”). A dependência de **V** com respeito a escolha arbitrária de **A** é ilusória; de fato:

$$\mathbf{V} = \{\mathbf{x} : \mathbf{x} \in \mathbf{X} \text{ para todo } \mathbf{X} \text{ em } \mathcal{C}\}.$$

O conjunto **V** é chamado de ***INTERSEÇÃO*** da coleção $\mathcal{C}$ de conjuntos; o axioma da extensão garante sua unicidade. A costumeira notação é similar à estabelecida para as uniões: em vez da inquestionável, mas impopular:

$$\cap\, \mathcal{C},$$

o conjunto **V** é usualmente denotado por:

$$\cap\, \{\mathbf{X} : \mathbf{X} \in \mathcal{C}\}$$

ou

$$\cap_{\mathbf{X} \in \mathcal{C}}\, \mathbf{X}.$$

<u>Exercício</u>. Uma condição necessária e suficiente para **(A** $\cap$ **B)** $\cup$ **C** = **A** $\cap$ **(B** $\cup$ **C) é que C** $\subset$ **A** . Observe que a condição não tem nada a ver com o conjunto **B**.

Seção 5

Complementos e potências

Se **A** e **B** são conjuntos, a ***DIFERENÇA*** entre **A** e **B**, muitas vezes mais conhecida como ***COMPLEMENTO RELATIVO*** de **A** em **B**, é o conjunto **A – B** definido por:

$$\mathbf{A - B = \{x \in A : x \notin B\}}.$$

Note-se que nesta difinição não é necessário assumir que **B ⊂ A.** A fim de estabelecer os fatos básicos a respeito de complementação, o mais simples quanto possível, vamos assumir, contudo (só nesta seção), que todos os conjuntos a serem considerados são subconjuntos de um único conjunto **E** e que todos os complementos a não ser quando especificado de outra forma) são formados relativamente a esse conjunto **E**. Em tais situações (por sinal muito comuns) é mais fácil relembrar que o conjunto **E** está subjacente ao discurso do que escrevê-lo sempre que necessário, o que torna possível a simplificação da notação. Um símbolo muitas vezes usado para o temporiamente absoluto (oposto a relativo) complemento de **A** é **A'**. Em termos deste símbolo os fatos básicos a respeito de complementação podem ser postos como segue:

$$(A')' = A,$$

$$\varnothing' = E, \quad E' = \varnothing,$$

$$A \cap A' = \varnothing, \quad A \cup A' = E,$$

$$A \subset B \text{ se e somente se } B' \subset A'.$$

As mais importantes proposições a respeito da complementação são chamadas as ***Leis de DE MORGAN***:

$$(A \cup B)' = A' \cap B', \quad (A \cap B)' = A' \cup B'.$$

(Veremos logo a seguir que as leis de De Morgan valem para as uniões e interseções de coleções maiores de conjuntos do que apenas para pares de conjuntos). Estes fatos a respeito de complementação fazem com que os teoremas da teoria dos conjuntos usualmente surjam aos pares. Se em uma inclusão ou equação envolvendo uniões, interseções e complementos de subconjuntos de **E**, trocamos cada conjunto por seu complemento, intercambiamos uniões e interseções, e revertemos todas as inclusões, o resultado é outro teorema. Este fato é muitas vezes referido como o ***PRINCÍPIO DA DUALIDADE*** para conjuntos.

Aqui estão alguns exercícios fáceis sobre complementação:

$$\mathbf{A - B = A \cap B'.}$$

$$\mathbf{A \subset B \text{ se e somente se } A - B = \varnothing.}$$

$$\mathbf{A - (A - B) = A \cap B.}$$

$$\mathbf{A \cap (B - C) = (A \cap B) - (A \cap C).}$$

$$\mathbf{A \cap B \subset (A \cap C) \cup (B \cap C').}$$

$$\mathbf{(A \cup C) \cap (B \cup C') \subset A \cup B.}$$

Se **A** e **B** são conjuntos, a ***DIFERENÇA SIMÉTRICA*** (ou ***SOMA BOOLEANA***) de **A** e **B** é o conjunto **A + B** definido por:

$$\mathbf{A + B = (A - B) \cup (B - A).}$$

Esta operação é comutativa $\mathbf{(A + B = B + A)}$ e associativa $\mathbf{A + (B + C) = (A + B) + C}$, e é tal que $\mathbf{A + \varnothing = A}$ **e** $\mathbf{A + A = \varnothing}$.

Este é o ponto certo para acertar uma trivial mas ocasionalmente embaraçosa parte da teoria das interseções. Recorde, para começar, que interseções foram definidas somente para coleções não vazias. A razão está em que a mesma abordagem para coleções vazias não define um conjunto. Quais são os **x's** especificados pela sentença:

$$\mathbf{x \in X \text{ para todo } X \text{ em } \varnothing?}$$

Como é usual para questões a respeito do $\varnothing$ a resposta torna-se mais fácil quando se forma a correspondente questão negativa. Quais são os **x's** que não satisfazem a condição? Se não é verdade de que **x** ∈ **X** para todo **X** em ∅, então deve existir um **X** no ∅ tal que **x** ∈' **X**; desde que, entretanto, não exista absolutamente qualquer um dos **X's** em ∅, tem-se um absurdo. Conclusão: nenhum **x** deixa de satisfazer a condição estabelecida, ou, de modo equivalente, qualquer **x** a satisfaz. Em outras palavras, os **x's** que a condição especifica esgotam o (não existente) universo. Não há nenhum problema profundo aqui; trata-se meramente de um recurso sempre útil para estabelecer qualificações e exceções apenas para evitar a construção de um conjunto vazio. Nada há a fazer a respeito disto; são coisas da vida.

Se restringirmos nossa atenção a subconjuntos de um particular conjunto **E**, como concordamos temporariamente fazer, então o desprazer descrito no parágrafo precedente parece ir embora. O ponto é que neste caso podemos definir a interseção de uma coleção $\mathcal{C}$(de subconjuntos de **E**) como sendo o conjunto:

$$\{x \in E : x \in X \text{ para todo } X \text{ em } \mathcal{C}\}.$$

Isto não é nada revoluncionário; para cada coleção não vazia, a nova definição concorda com a antiga. A diferença está no modo como a velha e a nova definição tratam a coleção vazia; de acordo com a nova definição $\cap_{X \in \varnothing} X$ é igual a **E**. (Para quais elementos **x** de **E** pode ser falso que **x** ∈ **X** para todo **X** em ∅?) A diferença é apenas uma questão de linguagem. Uma rápida reflexão revela que a "**nova**" definição dada à interseção de uma coleção $\mathcal{C}$ de subconjuntos de **E**, é realmente a mesma da definição velha da interseção da coleção $\mathcal{C} \cup$ **{E}**, e aquela nunca é vazia.

Vimos considerando subconjuntos de um conjunto **E**; estes subconjuntos por si mesmos constituem um conjunto? O princípio seguinte garante que a resposta é sim.

Axioma das Potências. Para cada conjunto existe uma coleção de conjuntos os quais contêm entre seus elementos todos os subconjuntos do dado conjunto.

Em outras palavras, se **E** é um conjunto, então existe um conjunto (coleção) $\mathcal{P}$ tal que se $\mathbf{X} \subset \mathbf{E}$, então $\mathbf{X} \in \mathcal{P}$.

O conjunto $\mathcal{P}$ descrito acima pode ser maior do que o esperado; ele pode conter outros elementos que não os subconjuntos de **E**. Isto é fácil de remediar; basta aplicar o axioma da especificação para formar o conjunto $\{\mathbf{x} \in \mathcal{P} : \mathbf{X} \subset \mathbf{E}\}$. (Recorde que "$\mathbf{X} \subset \mathbf{E}$" diz a mesma coisa que "para todo **x** (se $\mathbf{x} \in \mathbf{X}$ então $\mathbf{x} \in \mathbf{E}$).") Desde que para todo **X**, uma condição necessária e suficiente para **X** pertencer a este conjunto é que seja um subconjunto de **E**, segue-se que se mudamos a notação e denominamos este conjunto ainda de $\mathcal{P}$, então:

$$\mathcal{P} = \{\mathbf{X} : \mathbf{X} \subset \mathbf{E}\}.$$

O conjunto $\mathcal{P}$ é chamado de ***CONJUNTO POTÊNCIA*** de **E**; o axioma da extensão garante sua unicidade. A dependência de $\mathcal{P}$ em relação a **E** é denotado por $\mathcal{P}(\mathbf{E})$ em vez de $\mathcal{P}$.

Porque o conjunto $\mathcal{P}(\mathbf{E})$ é muito grande em comparação com **E**, não é fácil dar exemplos. Se $\mathbf{E} = \varnothing$, a situação é bastante clara; o conjunto $\mathcal{P}(\varnothing)$ é o singleto $\{\varnothing\}$. Os conjuntos potência de singletos e de pares são também facilmente descritíveis; temos:

$$\mathcal{P}(\{\mathbf{a}\}) = \{\varnothing, \{\mathbf{a}\}\}$$

e

$$\mathcal{P}(\{\mathbf{a}, \mathbf{b}\}) = \{\varnothing, \{\mathbf{a}\}, \{\mathbf{b}\}, \{\mathbf{a}, \mathbf{b}\}\}$$

O conjunto potência de uma tripla possui oito elementos. Provavelmente o leitor pode estar a pensar (e por isso tentado a provar) na generalização que inclua todas estas verdades: o conjunto potência de um conjunto finito com, digamos, **n** elementos tem $\mathbf{2^n}$ elementos. (Naturalmente conceitos como ***"finito"*** e "$\mathbf{2^n}$" não têm ainda para nós siginificação oficial; mas isto não deveria impedí-los de serem extra oficialmente entendidos). A ocorrência de **n** como expoente (a enésima potência de **2**) tem alguma coisa a ver com o motivo pela qual o conjunto potência tem este nome.

Se $\mathcal{C}$ é uma coleção de subconjuntos de um conjunto **E** (isto é, $\mathcal{C}$ é uma subcoleção de $\mathcal{P}$**(E)**), escreve-se:

$$\mathcal{D} = \{\mathbf{X} \in \mathcal{P}(\mathbf{E}) : \mathbf{X}' \in \mathcal{C}\}.$$

(Para se ter certeza que a condição usada na definição de $\mathcal{D}$ é uma sentença no exato sentido técnico, deve-se reescrevê-la em algo da forma:

para algum **Y [Y** $\in \mathcal{C}$ e para todo **x (x** $\in$ **X** se e somente se **(x** $\in$ **E e x** $\in$**' Y))].**

Comentários parecidos muitas vezes se aplicam quando desejamos usar abreviações explicativas em vez de somente as lógicas e os termos primitivos da teoria dos conjuntos. A transposição raramente requer qualquer raciocínio maior e assim usualmente a omitiremos). É comum denotar a união e a interseção da coleção $\mathcal{D}$ pelos símbolos:

$$\cup_{X \in \mathcal{C}} \mathbf{X}' \quad \textbf{e} \quad \cap_{X \in \mathcal{C}} \mathbf{X}'.$$

Nesta notação as formas gerais das leis de ***De Morgan*** passam a ser:

$$(\cup_{x \in C} \mathbf{X})' = \cap_{x \in C} \mathbf{X}'$$

e

$$(\cap_{x \in C} \mathbf{X})' = \cup_{x \in C} \mathbf{X}'.$$

As provas destas equações são conseqüências imediatas das definições apropriadas.

<u>**Exercício**</u>. Prove que $\mathcal{P}(\mathbf{E}) \cap \mathcal{P}(\mathbf{F}) = \mathcal{P}(\mathbf{E} \cap \mathbf{F})$ e $\mathcal{P}(\mathbf{E}) \cup \mathcal{P}(\mathbf{F}) \subset \mathcal{P}(\mathbf{E} \cup \mathbf{F})$. Estas afirmações podem ser generalizadas para:

$$\cap_{x \in C} \mathcal{P}(\mathbf{X}) = \mathcal{P}(\cap_{x \in C} \mathbf{X});$$

e

$$\cup_{x \in C} \mathcal{P}(\mathbf{X}) \subset \mathcal{P} \cup_{x \in C} \mathbf{X});$$

ache uma razoável interpretação da notação em que estas generalizações foram aqui expressas e a seguir prove-as. Mais outros fatos elementares:

$$\cap_{x \in C\, \mathcal{P}(E)} \mathbf{X} = \varnothing,$$

e

se E $\subset$ F, então $\mathcal{P}(\mathbf{E}) \subset \mathcal{P}(\mathbf{F})$.

Uma curiosa questão diz respeito a comutatividade dos operadores $\mathcal{P}$ e $\cup$. Mostre que **E** é sempre igual a $\cup_{x \in \mathcal{P}(E)} \mathbf{X}$ (isto é $\mathbf{E} = \cup\, \mathcal{P}(\mathbf{E})$), mas que o resultado de aplicar $\mathcal{P}$ e $\cup$ a **E** na ordem inversa é um conjunto que inclui **E** como um subconjunto, tipicamente um subconjunto próprio.

Seção 6

Pares ordenados

O que significa dispor os elementos de um conjunto **A** em uma ordem qualquer? Suponha, por exemplo, que o conjutno **A** é a quádrupla **{a, b, c, d}** de elementos distintos, e suponha que queiramos considerar seus elementos na ordem:

c b d a

Mesmo sem uma definição precisa do que tal procedimento signifique, podemos, no entanto, fazer dele algo inteligente em termos de conjuntos. Ou seja, podemos considerar, para cada posição particular na ordenação, o conjunto de todos os elementos que aparecem naquela posição ou antes dela; deste modo obtemos os conjuntos:

$$\{c\} \ \{c,b\} \ \{c, b, d\} \ \{c, b, d, a\}.$$

Podemos ir adiante e então considerar o conjunto (ou coleção, se isto soa melhor)

$$C = \{\{a, b, c, d\}, \{b, c\}, \{b, c, d\}, \{c\}\}$$

que tem exatamente por seus elementos aqueles conjuntos. Os elementos de C e os elementos destes últimos, estão apresentados de modo não sistemático. Isto foi feito para enfatizar que baseando-se na intuição e possivelmente num obscuro conceito de ordem, pode-se produzir algo sólido mais simples e direto, ou seja, um conjunto C.* (O leitor com inclinações lexicográficas será capaz de enxergar um método naquela falta de sistemática.)

Vamos continuar pretendendo, por enquanto, que sabemos o que significa ordem. Suponha que numa rápida olhada no parágrafo precedente tudo que pudéssemos pegar fosse o conjunto C; podemos usá-lo para recuperar a ordem que deu origem a ele? A resposta é facilmente percebida ser sim. Examine os elementos de C (eles próprios, naturalmente são conjuntos) para encontrar o que está contido em todos os outros; desde que **{c}** satifaz o pedido (e ninguém mais), ficamos sabendo que **c** deve ter sido o primeiro elemento. Olhe a seguir para o próximo menor elemento de C, isto é,

---

* *O que o autor quis ressaltar foi que mesmo baseando-se só na intuição pode-se gerar algo palpável, a questão está em saber se esse algo gerado apresenta algum nteresse.* ***N. T.***

aquele que está incluído em todos os outros que ficam depois de **{c}** ser removido; desde que **{b, c}** satifaz a condição (e ninguém mais), ficamos conhecendo que **b** deve ser o segundo elemento. Procedendo assim (somente mais dois passos são necessários) passamos do conjunto $\mathcal{C}$ para a dada ordenação do citado conjunto **A**.

A moral é isto: podemos não saber precisamente o que significa por ordenar os elementos de um conjunto **A**, mas para cada ordem podemos associar um conjunto $\mathcal{C}$ de subconjuntos de **A** de tal modo que para cada ordem estabelecida pode ser univocamente recuperada a partir de $\mathcal{C}$. (Aqui um exercício não trivial : ache uma intrínseca caracterização daqueles conjuntos de subconjuntos de **A** que correspondam a alguma ordem em **A**. Desde que ***"ordem"*** ainda não tem para nós um significado oficial, no todo, o problema é oficialmente sem sentido. Nada do que segue depende da solução, mas o leitor aprenderia algo de valioso tentando achá-la). A passagem de uma ordem em **A** para o conjunto $\mathcal{C}$, e vice-versa, foi ilustrado acima para uma quádrupla; para um par as coisas tornam pelo menos duas vezes mais simples.

A = {a, b} e se, na ordem desejada, **a** vem primeiro, então $\mathcal{C}$ = **{{a}, {a, b}}**; se, todavia, **b** vem primeiro, então $\mathcal{C}$ = **{{b}, {a, b}}**.

O Par Ordenado de **a** e **b**, com ***PRIMEIRA COORDENADA*** **a** e ***SEGUNDA COORDENADA*** **b**, é o conjunto **(a, b)** definido por:

$$(a, b) = \{\{a\}, \{a, b\}\}.$$

Por mais convicente que possa ser o motivo desta definição, devemos ainda provar que o resultado possui a principal propriedade que um par ordenado deve ter para merecer ser assim chamado. Devemos mostrar que se **(a, b)** e **(x, y)** são pares ordenados e se **(a,**

b) = (x, y), então **a = x** e **b = y.** Para provar isto, notamos primeiro que se **a** e **b** forem iguais, então o par ordenado **(a, b)** é o mesmo que o singleto **{{a}}**. Se, inversamente, **(a, b)** é um singleto, então **{a} = {a, b}**, de modo que **b ∈ {a}**, e portanto **a = b**. Suponha agora que **(a, b) = (x, y)**. Se **a = b**, então **(a, b)** e **(x, y)**, ambos, são singletos, de sorte que **x = y**; desde que **{x} ∈ (a, b)** e **{a} ∈ (x, y)**, segue-se que **a, b, x** e **y** são todos iguais. Se **a ≠ b**, então ambos **(a, b)** e **(x, y)**, contém exatamente um singleto, ou seja **{a}** e **{x}** respectivamente, de modo que **a = x**. Desde que neste caso é também verdade que ambos **(a, b)** e **(x, y)** contém exatamente um par não ordenado que não é um singleto, a saber **{a, b}** e **{x, y}** respectivamente, segue-se que **{a, b} = {x, y}**, e portanto, em particular, **b ∈ {x, y}**. Considerando que **b** não pode ser **x** (pois se assim fosse teríamos **a = x**, e, **b = x**, e, conseqüentemente, **a = b**), devemos ter **b = y**, e a prova está completa.

Se **A** e **B** são conjuntos, existe um conjunto que contém, todos os pares ordenados **(a, b)** com **a** em **A** e **b** em **B**? É bem fácil ver que a resposta é sim. De fato, se **a ∈ A** e **b ∈ B,** então **{a} ⊂ A e {b} ⊂ B**, e portanto **{a, b} ⊂ A ∪ B**. Também **{a} ⊂ A ∪ B**, segue-se que ambos **{a}** e **{a, b}** são elementos de **𝒫(A ∪ B)**. Isto implica que **{{a}, {a, b}}** é um subconjunto de **𝒫(A ∪ B)**, e assim é um elemento de **𝒫(𝒫(A ∪ B))**; em outras palavras **(a, b) ∈ 𝒫(𝒫(A ∪ B))**, toda vez que **a ∈ A** e **b ∈ B**. Uma vez que isto é conhecido, é uma matéria de rotina aplicar o axioma da especificação e o axioma da extensão para produzir um único conjunto **A x B** que consiste exatamente dos pares ordenados **(a, b)** com **a** em **A** em **b** em **B**. Este conjunto é chamado de ***PRODUTO CARTESIANO*** de **A** e **B**; é caracterizado pelo fato que:

A x B = {x : x = (a, b) para algum **a** de **A** e para algum **b** de **B}.**

O produto cartesiano de dois conjuntos é um conjunto de pares ordenados (isto é, um conjunto no qual cada um dos seus elementos é um par ordenado), e o mesmo é verdadeiro para todo subconjunto do produto cartesiano. É tecnicamente importante saber que podemos ir também na direção inversa: todo conjunto de pares ordenados é um subconjunto de um produto cartesiano de dois conjuntos. Em outras palavras: se **R** é um conjunto tal que cada um dos seus elementos é um par ordenado, então existem dois conjuntos **A** e **B** tais que $\mathbf{R} \subset \mathbf{A} \times \mathbf{B}$. A prova é simples. Suponha que $\mathbf{x} \in \mathbf{R}$, ou seja $\mathbf{x} = \{\{\mathbf{a}\}, \{\mathbf{a}, \mathbf{b}\}\}$ para algum **a** e para algum **b**. O problema é liberar **a** e **b** das chaves. Desde que os elementos de **R** são conjuntos, podemos formar a união dos conjuntos em **R**; desde que **x** é um dos conjuntos em **R**, os elementos de **x** pertencem àquela união. Desde que $\{\mathbf{a}, \mathbf{b}\}$ é um dos elementos de **x**, podemos escrever, no que tem sido chamado acima a notação brutal, $\{\mathbf{a}, \mathbf{b}\} \in \cup \mathbf{R}$. Um dos pares de chaves desapareceu; façamos outra vez a mesma coisa para acontecer o mesmo com o outro par de chaves. Forma-se a união dos conjuntos em $\cup \mathbf{R}$. Uma vez que $\{\mathbf{a}, \mathbf{b}\}$ é um daqueles conjuntos, segue-se que os elementos de $\{\mathbf{a}, \mathbf{b}\}$ pertencem a aquela união, e portanto ambos a e b pertencem $\cup\cup$ **R**. Isto completa a promessa feita acima; para exibir **R** como subconjunto de algum $\mathbf{A} \times \mathbf{B}$, podemos tomar **A** e **B** ambos sendo $\cup\cup$ **R**. É muitas vezes desejável tornar **A** e **B** tão pequenos quanto possível. Para isto, basta aplicar o axioma da especificação para gerar os conjuntos:

$$\mathbf{A} = \{\ \mathbf{a} : \text{para algum } \mathbf{b}\ ((\mathbf{a}, \mathbf{b}) \in \mathbf{R})\}$$

e

$$\mathbf{B} = \{\mathbf{b} : \text{para algum } \mathbf{a}\ ((\mathbf{a}, \mathbf{b}) \in \mathbf{R})\}.$$

Estes conjuntos são denominados as ***PROJEÇÕES*** de **R** sobre a primeira e a segunda coordenadas respectivamente.

Não obstante a teoria dos conjuntos possa agora ser importante, quando ela começou alguns estudiosos consideraram-na uma doença da qual, esperava-se, a Matemática logo se restabeleceria. Por esta razão muitas das considerações da teoria foram chamadas patológicas, e a palavra continua viva no uso matemático; muitas vezes refere-se a alguma coisa da qual quem fala não gosta. A definição explícita de um par ordenado **((a, b) = {{a}, {a, b}})** é freqüentemente relegada à patologia da teoria dos conjuntos. Para benefício daqueles que pensam que neste caso o nome faz por merecer, alertamos que a definição já serviu, até agora, aos seus propósitos e jamais será novamente usada. Devemos saber que pares ordenados são determinados unicamente por sua primeira e segunda coordenadas, que produtos cartesianos podem ser formados, e que cada conjunto de pares ordenados é um subconjunto de algum produto cartesiano; não se leva em conta a particular abordagem que é usada para atingir estes propósitos

É fácil localizar a fonte de desconfiança e suspeita que muitos matemáticos sentem diante da definição explícita de pares ordenados dada acima. A dificuldade não é que exista alguma coisa errada ou esquecida; as propriedades relevantes do conceito que definimos estão todas corretas (isto é, de acordo com os mandos da intuição) e todas as propriedades verdadeiras estão presentes A dificuldade está em que o conceito tem algumas propriedades irrelevantes que são acidentais e pouco importantes. O teorema **(a, b) = (x, y)** se e somente se **a = x** e **b = y** é o tipo de coisa que esperamos aprender a respeito de pares ordenados. O fato **{a, b}** ∈ **(a, b)**, por outro lado, parece acidental; é mais uma propriedade extravagante da definição do que uma intrínseca propriedade do conceito.

A carga de artificialidade é uma verdade, mas não é um preço tão alto a pagar por economia conceitual. O conceito de um par ordenado poderia ter sido introduzido, dotado axiomaticamente das propriedades certas, como um primitivo adicional, nem mais nem menos. Em algumas teorias isto é feito. A escolha matemática está entre ter que memorizar uns poucos axiomas e ter que esquecer uns poucos fatos acidentais; a escolha é, sem dúvida uma questão de gosto. Escolhas semelhantes ocorrem freqüentemente em matemática; neste livro, por exemplo, ainda as encontraremos relacionadas com as definições de números de várias espécies.

Exercício. Se **A**, **B**, **X** e **Y** são conjuntos, então:

(i) $(\mathbf{A} \cup \mathbf{B}) \times \mathbf{X} = (\mathbf{A} \times \mathbf{X}) \cup (\mathbf{B} \times \mathbf{X})$,

(ii) $(\mathbf{A} \cap \mathbf{B}) \times (\mathbf{X} \cap \mathbf{Y}) = (\mathbf{A} \times \mathbf{X}) \cap (\mathbf{B} \times \mathbf{Y})$,

(iii) $(\mathbf{A} - \mathbf{B}) \times \mathbf{X} = (\mathbf{A} \times \mathbf{X}) - (\mathbf{B} \times \mathbf{X})$.

Se $\mathbf{A} = \varnothing$ ou $\mathbf{B} = \varnothing$, então $\mathbf{A} \times \mathbf{B} = \varnothing$, e inversamente. Se $\mathbf{A} \subset \mathbf{X}$ e $\mathbf{B} \subset \mathbf{Y}$, então $\mathbf{A} \times \mathbf{B} \subset \mathbf{X} \times \mathbf{Y}$, e inversamente (contanto que $\mathbf{A} \times \mathbf{B} \neq \varnothing$).

Seção 7

Relações

Usando pares ordenados, podemos formular a teoria matemática das relações na linguagem da teoria dos conjuntos. Por relação queremos dizer alguma coisa parecida com casamento (entre homens e mulheres) ou pertinência (entre elementos e conjuntos). Mais explicitamente, o que chamaremos uma relação é algumas vezes denominada uma relação ***BINÁRIA***. Um exemplo de relação ternária é a paternidade de pessoas (*Adão* e *Eva* são os pais de *Caim*). Neste livro não teremos ocasião de tratar a teoria das relações ternárias, quaternárias, ou mais.

Olhando para qualquer relação específica, tal como a do casamento por exemplo, somos tentados a considerar certos pares ordenados **(x, y)**, ou seja, justo aqueles para os quais **x** é um homem, **y** é uma mulher, e **x** é casado com **y**. Ainda não vimos a definição geral do conceito de uma relação, mas parece plausível que, como acontece com o exemplo de casamento, cada relação deveria determinar, de modo único, o conjunto de todos aqueles pares ordenados para os quais, a primeira coordenada está, naquela relação, para a segunda. Se conhecemos a relação, conhecemos o conjunto, e, ainda melhor, se conhecemos o conjunto, conhecemos a relação. Se, por exemplo, somos apresentados ao conjunto de pares ordenados que corresponde ao casamento de pessoas, então, mesmo que tenhamos esquecido a definição de casamento, deveríamos sempre poder dizer quando um homem **x** é ou não casado com uma mulher **y**; teríamos que ver justamente se o par ordenado **(x, y)** pertence ou não ao conjunto.

Poderíamos não saber o que é uma relação, mas sabemos o que é um conjunto, e as considerações precedentes estabelecem uma estreito elo entre relações e conjuntos. O correto tratamento de relações em termos de teoria dos conjuntos tira proveito daquele elo heurístico; a coisa mais simples a fazer é definir relação como sendo o conjunto correspondente. Isto é o que fazemos; por isto definimos uma ***RELAÇÃO*** como um conjunto de pares ordenados. Explicitamente: um conjunto **R** é uma relação se cada elemento de **R** é um par ordenado; isto significa, naturalmente, que se **Z** $\in$ **R**, então existem **x** e **y** tais que **Z = (x, y)**. Se **R** é uma relação, é algumas vezes conveniente expressar o fato **(x, y)** $\in$ **R** escrevendo:

$$x \mathbf{R} y$$

e dizendo, como na linguagem diária, que **x** está na relação **R** com **y**.

A menos excitante das relações é a do conjunto vazio. (Para provar que ∅ é um conjunto de pares ordenados, procure por um elemento do ∅ que não seja um par ordenado). Outro exemplo insípido é o produto cartesiano de quaisquer dois conjuntos **X** e **Y**. Aqui está um exemplo ligeiramente mais interessante: seja **X** qualquer conjunto, e seja **R** o conjunto de todos os pares **(x, y)** em **X** × **X** para os quais **x** = **y**. A relação **R** é nada mais do que a relação de igualdade entre os elementos de **X**; se **x** e **y** estão em **X**, então **x R y** significa o mesmo que **x** = **y**. Por ora mais um exemplo será o bastante: seja **X** qualquer conjunto, e seja **R** o conjunto de todos os pares **(x, A)** em **X** × $\mathcal{P}$**(X)** para os quais **x** ∈ **A.** Esta relação **R** é justamente a relação "**pertence a**" entre os elementos de **X** e os subconjuntos de **X**; se **x** ∈ **X** e **A** ∈ $\mathcal{P}$**(X)**, então **x R A** significa o mesmo que **x** ∈ **A.**

Na seção precedente vimos que associado com cada conjunto **R** de pares ordenados existem dois conjuntos chamados de projeções de **R** sobre a primeira e segunda coordenadas. Na teoria de relações estes conjuntos são conhecidos como o ***DOMÍNIO*** e a ***IMAGEM*** de **R** (abreviados *dom* **R** e *ima* **R**); relembramos que são definidos por:

$$\text{dom } R = \{x : \text{para algum } y\ (x\ R\ y)\}$$

$$\text{ima } R = \{y : \text{para algum } x\ (x\ R\ y)\}.$$

Se **R** é a relação de casamento, de modo que **x R y** significa que **x** é um homem, **y** é uma mulher, e **x** e **y** são casados um com o outro, então dom **R** é o conjunto dos homens casados e ima **R** é o conjunto das mulheres casadas. Ambos, o domínio e a imagem do ∅ são iguais ao ∅. Se **R** = **X** × **Y**, então dom **R** = **X** e ima **R** = **Y**. Se **R** é a relação de igualdade em **X**, então dom **R** = ima **R** = **X**. Se **R** é a relação "**pertence a**", entre **X** e $\mathcal{P}$**(X)**, então dom **R** = **X** e ima **R** = $\mathcal{P}$**(X)** – {∅}.

Se **R** é uma relação incluída em um produto cartesiano **X** × **Y** (neste caso dom **R** ⊂ **X** e ima **R** ⊂ **Y**), é conveniente dizer às vezes que **R** é uma relação de **X** para **Y**; em vez de uma relação de **X** para **X** podemos falar de uma relação em **X**. A relação **R** em **X** é ***REFLEXIVA*** se **x R x** para todo **x** em **X**; e é ***SIMÉTRICA*** se **xRy** implica **yRx**, é ***TRANSITIVA*** se **x R y** e **y R Z** acarreta **x R Z**. (Exercício: para cada uma destas três possíveis propriedades, ache uma relação que não possui uma delas, mas possui as outras duas.) Uma relação em um conjunto é uma ***RELAÇÃO DE EQUIVALÊNCIA*** se ela for reflexiva, simétrica e transitiva. A menor relação de equivalência em um conjunto **X** é a relação de igualdade em **X**; a maior relação de equivalência em um conjunto **X** é a relação **X** × **X.**

Existe uma íntima conexão entre relações de equivalência em um conjunto **X** e certas coleções (chamadas partições) de subconjuntos de **X**. Uma ***PARTIÇÃO*** de **X** é uma coleção disjunta $\mathcal{C}$ de subconjuntos não-vazios de **X** cuja união é **X**. Se **R** é uma relação de equivalência em **X**, e se **x** está em **X**, a ***CLASSE DE EQUIVALÊNCIA*** a respeito a **R** é o conjunto de todos aqueles **y** em **X** para os quais **x R y**. (Neste ponto o peso da tradição faz o uso da palavra ***"classe"*** inevitável). Exemplos: se **R** é a igualdade em **X**, então cada classe de equivalência é um singleto; se **R** = **X** × **X**, então o próprio conjunto **X** é a única classe de equivalência. Não há uma notação padrão para a classe de equivalência de **x** com respeito a **R**; usualmente a denotamos por **x/R**, e escrevemos **X/R** para o conjunto de todas as classes de equivalência. (Pronuncie **X/R** como ***"X módulo R"*** ou, de forma abreviada, ***"X mod R"***. Exercício : mostre que **X/R** é de fato um conjunto, exibindo uma condição que especifique exatamente o subconjunto **X/R** do conjunto potência $\mathcal{P}$(**X**)). Agora esqueça **R** por um momento e comece de novo com uma partição $\mathcal{C}$ de **X**. Uma relação, que chamaremos **X/** $\mathcal{C}$, é difinida em **X** escrevendo:

$$x \; X/\mathcal{C} \; y$$

só no caso de **x** e **y** pertencerem ao mesmo conjunto da coleção $\mathcal{C}$. Chamaremos **X/** $\mathcal{C}$ de relação ***INDUZIDA*** pela partição $\mathcal{C}$.

No parágrafo precedente vimos como associar um conjunto de subconjuntos de **X** com toda relação de equivalência em **X** e como associar uma relação em **X** com cada partição de **X**. A conexão entre relações de equivalência pode ser descrita dizendo que a passagem de $\mathcal{C}$ para **X/**$\mathcal{C}$ é exatamente o contrário da passagem de **R** para **X/R**. Mais explicitamente: se **R** é uma relação de equivalência em **X**, então o conjunto de classes de equivalência é uma partição de **X** que induz a relação **R**, e se $\mathcal{C}$ é uma partição de **X**, então a relação induzida é uma relação de equivalência cujo conjunto de classes de equivalência é exatamente $\mathcal{C}$.

Para a prova, vamos começar com uma relação de equivalência **R**. Uma vez que cada **x** pertence a alguma classe de equivalência (por exemplo $x \in x/R$), é claro que a união das classes de equivalência é todo o **X**. Se $z \in x/R \cap y/R$, então **x R z** e **z R y**, e portanto **x R y**. Isto implica que se duas classes de equivalência têm um elemento comum, então elas são idênticas, ou, em outras palavras, duas classes de equivalência distintas são sempre disjuntas. Portanto, o conjunto das classes de equivalência é uma partição. Para dizer que dois elementos pertencem ao mesmo conjunto (classe de equivalência) desta partição significa, por definição, que eles, de um para o outro, estão na relação **R**. Isto prova a primeira metade da nossa afirmação.

A segunda metade é mais fácil. Comece com uma partição C e considere a relação induzida. Desde que todo o elemento de **X** pertence a algum conjunto de C, a reflexividade garante que **x** e **x** estão no mesmo conjunto de C. A simetria diz que se **x** e **y** estão no mesmo conjunto de C, então **y** e **x**, estão no mesmo conjunto de C, e isto é obviamente verdade. A transitividade diz que se **x** e **y** estão no mesmo conjunto de C e se **y** e **z** estão no mesmo conjunto de C, então **x** e **z** estão no mesmo conjunto de C, e, isto é, também óbvio. A classe de equivalência de cada **x** em **X** é precisamente o conjunto de C ao qual **x** pertence. Isto completa a prova de tudo que foi prometido.

Seção 8

Funções

Se **X** e **Y** são conjuntos, uma ***FUNÇÃO*** de (ou em) **X** para (ou sobre) **Y** é uma relação **f** tal que dom **f** = **X** e tal que para cada **x** em **X** existe um único elemento **y** em **Y** com **(x, y)** ∈ **f**. A condição de unicidade pode ser formulada explicitamente como segue: se **(x, y)** ∈ **f**, e **(x, z)** ∈ **f**, então **y = z**. Para cada **x** em **X**, o único **y** em **Y** tal que **(x, y)** ∈ **f** é denotado por **f(x)**. Para funções esta notação e suas variantes menores substituem as outras usadas para relações mais gerais; daqui em diante, se **f** é uma função, escreveremos **f(x) = y** em vez de **(x, y)** ∈ **f** ou **x f y**. O elemento **y** é denomidao o ***VALOR*** que a função **f** assume (ou toma) no ***ARGUMENTO*** **x**; de modo equivalente podemos dizer **f** ***LEVA OU PROJETA**** ***OU***

---

* *Não usual em português.* ***N. T.***

TRANSFORMA x em y. ***APLICAÇÃO*** ou ***MAPPING*** (original inglês), ***TRANSFORMAÇÃO, CORRESPONDÊNCIA, E OPERADOR*** são algumas entre muitas das palavras, algumas vezes usadas como sinônimas para **FUNÇÃO**. O símbolo:

$$f : X \to Y$$

é as vezes usado como abreviação para "**f** é uma função de **X** para **Y**." O conjunto de todas as funções de **X** para **Y** é um subconjunto do conjunto potência $\mathcal{P}(X \times Y)$; será denotado por Y^X.

As conotações de atividade sugeridas pelos sinônimos listados acima fazem com que alguns estudiosos fiquem insatisfeitos com a definição, de acordo com a qual, uma função não ***FAZ*** nada mas apenas **É**. Esta insatisfação é refletida no emprego diferente do vocabulário: ***FUNÇÃO*** é reservada para o não definido objeto que é de algum modo ativo, e o conjunto de pares ordenados que chamamos de função é então denominado o ***GRÁFICO*** da função. É fácil encontrar exemplos de funções no sentido teórico preciso da palavra tanto em matemática quanto na vida comum; tudo que temos a fazer é procurar por informação, não necessariamente numérica, mas na forma tabulada. Um exemplo é uma lista telefônica de uma cidade; os argumentos da função são, neste caso, os habitantes da cidade, e os valores são os endereços deles.

Para relações em geral, e por isso para funções em particular, definimos os conceitos do domínio e imagem. O domínio de uma função **f** de **X** em **Y** é, por definição, igual a **X**, mas sua imagem não precisa ser igual a **Y**; a imagem consiste daqueles elementos **y** de **Y** para os quais existe um **x** em **X**, tal que **f(x) = y**. Se a imagem de **f** é igual a **Y**, dizemos que **f** transforma **X** em **Y**. Se **A** é um subconjunto de **X**, podemos querer considerar o conjunto de todos os elementos **y** de **Y** para os quais existe um **x** no subconjunto **A** tal que **f(x) = y**.

Este subconjunto de **Y** é chamado de ***IMAGEM*** **A** sob **f** e é freqüentemente denotado por **f(A)**. A notação é ruim mas não catastrófica. O que está mal a respeito disto é que se **A** acontece ser tanto um elemento de **X** quanto um subconjunto de **X** (uma situação pouco provável, mas muito longe de ser impossível), então o símbolo **f(A)** é ambíguo. Ele significa o valor de **f** em **A** ou identifica o conjunto de valores de **f** em cada um dos elementos de **A** ? Seguindo o costume matemático normal, usaremos a notação ruim, baseando-se no contexto, e, em raras ocasiões quando for necessário, adicionando-se estipulações verbais, para evitar confusão. Note que a imagem do próprio **X** é o conjunto imagem de **f**; e neste caso o caráter de **f** ser uma transformação, pode ser expresso escrevendo **f(X) = Y**.

Se **X** é um subconjunto de um conjunto **Y**, a função **f** definida por **f(x) = x** para cada **x** em **X** é denominada a ***TRANSFORMAÇÃO INCLUSÃO*** (ou ***IMERSÃO***, ou a ***INJEÇÃO***) de **X** em **Y**. A frase "a função **f** definida por ..." é muito comum em tais contextos. É formulada para implicar, naturalmente, que existe na verdade uma única função que a satisfaz. Em um caso particular à mão isto é bastante óbvio; somos convidados a considerar todos aqueles pares ordenados **(x, y)** em **X** × **Y** para os quais **x = y**. Considerações análogas aplicam-se em cada caso, e, seguindo a prática matemática normal, iremos usualmente definir uma função descrevendo seu valor **y** em um argumento **x**. Uma tal descrição é as vezes mais longa e mais complicada do que uma direta descrição do conjunto (de pares ordenados) envolvido, mas, contudo, a maioria dos matemáticos consideram a descrição argumento-valor como mais clara do que qualquer outra.

A transformação inclusão de **X** sobre **X** é denominada de ***TRANSFORMAÇÃO IDENTIDADE*** sobre **X**. (Na linguagem de relações, a transformação identidade em **X** é tal como a relação de igualdade em **X**.) Se como antes, **X** $\subset$ **Y**, então há um elo entre a transformação inclusão de **X** para **Y** e transformação identidade em **Y**; a conexão é um caso especial de um procedimento geral para extrair funções menores a partir de outras mais amplas. Se **f** é uma função de **Y** para **Z**, digamos, e se **X** é um subconjunto de **Y**, então há um caminho natural para construir uma função **g** de **X** para **Z**; define-se **g(x)** igual a **f(x)** para todo **x** em **X**. A função **g** é denomidada ***RESTRIÇÃO*** de **f** a **X**, e **f** é chamada ***EXTENSÃO*** de **g** para **Y**; é usual escrever **g = f|X**. A definição de restrição pode ser expressa escrevendo **(f|X) (x) = f(x)** para todo **x** em **X**; observe também que contradomínio de **(f|X) = f(X)**, A transformação inclusão de um subconjunto de **Y** é a restrição a este subconjunto da transformação identidade em **Y**.

Aqui está um simples, mas útil exemplo de função. Considere dois conjuntos **X** e **Y**, e defina uma função **f** de **X** x **Y** sobre **X** escrevendo **f(x, y) = x**. (O purista terá notado que poderíamos ter escrito **f((x, y))** em vez de **f(x, y)**, mas ninguém faz assim.) A função **f** é chamada de ***PROJEÇÃO*** de **X** × **Y** sobre **X**; se analogamente **g(x, y) = y**, então **g** é a projeção de **X** × **Y** sobre **Y**. Aqui a terminologia está em desacordo com uma mais antiga, mas não é tão má. Se **R = X** × **Y**, então o que antes era chamado de projeção de **R** sobre a primeira coordenada é, na presente linguagem, a imagem da projeção **f**.

Um mais complicado e assim mais valioso exemplo de uma função pode ser obtido como segue. Suponha ser **R** uma relação de equivalência em **X**, e seja **f** ser a função de **X** sobre **X|R** definida por **f(x) = x|R**. A função **f** é algumas vezes chamada ***TRANSFORMAÇÃO CANÔNICA*** de **X** para **X|R**.

Se **f** é uma função arbitrária de **X** sobre **Y** então há um modo natural de definir uma relação de equivalência **R** em **X**; escreve-se **a R b** (onde **a** e **b** estão em **X**) no caso de **f(a) = f(b)**. Para cada elemento **y** de **Y**, seja **g(y)** o conjunto de todos elementos **x** em **X** para os quais **f(x) = y**. A definição de **R** implica que **g(y)** é, para cada **y**, uma classe de equivalência da relação **R**; em outras palavras, **g** é função de **Y** sobre conjunto **XIR** para todas as classes de equivalência de **R**. A função **g** tem a seguinte propriedade especial; se **u** e **v** são elementos distintos de **Y**, então **g(u)** e **g(v)** são elementos distintos de **X/R**. Uma função que sempre transforma elementos distintos em elementos distintos é denominada ***UM-A-UM*** (usualmente uma correspondência um-a-um). Entre os exemplos acima, a transformação inclusão é um-a-um, mas, exceto em alguns casos triviais especiais, as projeções não o são. (Exercício: que casos especiais?)

Para introduzir o próximo aspecto da teoria elementar de funções devemos nos desviar, por um momento, e antecipar um pequeno fragmento de nossa definição final de números naturais. Não achamos necessário definir agora todos os números naturais, tudo que precisamos são os três primeiros deles. Desde que não é a ocasião apropriada para encomprimdar preliminares heurísticas, iremos diretamente para a definição, mesmo correndo o risco de chocar ou preocupar alguns leitores. Aqui está: definimos **0**, **1**, e **2** escrevendo:

$$\mathbf{0} = \varnothing \,,\ \mathbf{1} = \{\varnothing\} \ \ \mathbf{e} \ \ \mathbf{2} = \{\varnothing, \{\varnothing\}\}.$$

Em outras palavras, **0** é vazio, **1** é o singleto **{0}**, e **2** é o par **{0,1}**.

Observe que há um método nesta aparente loucura; o número de elementos nos conjuntos **0, 1** ou **2** é (no sentido ordinário da palavra), **zero, um,** ou **dois**, respectivamente.

Se **A** é um subconjunto de um conjunto **X,** a ***FUNÇÃO CARACTERÍSTICA*** de **A** é a função χ de **X** para **2** tal que $\chi(x) = 1$ ou **0** se de acordo com as condições $x \in A$ ou $x \in X - A$. A dependência da função característica de **A** no conjunto **A** pode ser indicada escrevendo χA em vez de χ. A função que designa para cada subconjunto **A** de **X** (isto é, para cada elemento de $\mathcal{P}(X)$) a função característica de **A** (isto é, um elemento de 2^x) é uma correspondência um-a-um entre $\mathcal{P}(X)$ e 2^x. (Intercaladamente: em vez da frase "a função que designa a cada **A** em $\mathcal{P}(X)$ o elemento χA em 2^x" é costume usar a abreviação "*a função* $A \to \chi A$". Nesta linguagem, a projeção de $X \times Y$ sobre **X**, por exemplo, pode ser chamada função $(x, y) \to x$, e a projeção canônica de um conjunto **X** com uma relação **R** sobre **X/R** pode ser chamada a função $x \to x/R$.)

Exercício. (i) $Y^{\varnothing}$ tem exatamente um elemento, ou seja $\varnothing$, sendo **Y** vazio ou não, e **(ii)** se **X** não é vazio, então $\varnothing^x$ é vazio.

Seção 9

Famílias

Há ocasiões em que a imagem de uma função é tida como mais importante do que a própria função. Quando este é o caso, a terminologia e a notação, ambas, passam por radicais alterações. Suponha, por exemplo, que **x** é uma função de um conjunto I para um conjunto **X**. (A escolha em si das letras indica que alguma coisa estranha está a caminho). Um elemento do domínio I é dito um ***ÍNDICE***, I é chamado de ***CONJUNTO DE ÍNDICES***, o contradomínio da função é chamado: ***CONJUNTO INDEXADO***, e a função em si é apelidada de uma ***FAMÍLIA***, e o valor da função **x** em cada índice **i**, denominado um ***TERMO*** da família, é indicado por x_i. Esta terminologia não está estabelecida absolutamente, mas é uma das escolhas entre outras com ligeiras variantes; na seqüência ela e somente ela será usada). Um inaceitável mas geralmente admitido caminho de comunicar a notação e indicar a ênfase é falar de uma família $\{x_i\}$ em **X**, ou da família $\{x_i\}$ quaisquer que possam ser os elementos de **X**; quando necessário o conjunto de índices I é indicado por alguma expressão entre parênteses como $(i \in I)$. Assim, por exemplo, a frase "uma família de subconjuntos de **X**" é usualmente entendida para se referir a uma função **A**, de algum conjunto I de índices, sobre $\mathcal{P}(X)$.

Se $\{A_i\}$ é uma família de subconjuntos de **X**, a união da imagem da família é chamada a união da família $\{A_i\}$, ou a união dos conjuntos A_i; a notação padrão para isto é:

$$\cup_{i \in I} A_i \quad \text{ou} \quad \cup_i A_i,$$

em conformidade se é ou não importante enfatizar o conjunto I de índices. Segue imediatamente da definição de uniões que $x \in \cup_i A_i$ se e somente **x** pertence a A_i para pelo menos um **i**. Se I = **2**, de forma que o contradomínio da família $\{A_i\}$ é o par não-ordenado $\{A_0, A_1\}$, então $\cup_i A_i = A_0 \cup A_1$. Observe que não há perda de generalidade considerando famílias de conjuntos em vez de coleções arbitrárias de conjuntos; toda coleção de conjuntos é o contradomínio de alguma família. Se, de fato, $\mathcal{C}$ é uma coleção de conjuntos, deixe o próprio $\mathcal{C}$ desempenhar o papel do conjunto de índices, e considere como família a transformação identidade de $\mathcal{C}$.

As leis algébricas satisfeitas pela operação de união para pares pode ser generalizada para uniões arbitrárias. Suponha, por exemplo, que $\{I_j\}$ é uma família de conjuntos com domínio **J**, digamos; escreve-se $K = \cup_j I_j$ e seja $\{A_k\}$ a família de conjuntos com domínio **K**. Não é então difícil provar que:

$$\cup_{k \in K} A_k = \cup_{j \in J} (\cup_{i \in I_j} A_i);$$

esta é a versão generalizada da lei associativa para uniões. **Exercício**: formule e prove a versão generalizada da lei comutativa.

Uma união vazia faz sentido (e é vazia), mas uma interseção vazia não o faz. Exceto no que diz respeito a esta trivialidade a terminologia e notação para interseções acompanham as para as uniões em todos os aspectos. Assim, por exemplo, se $\{\mathbf{A}_i\}$ é uma família não-vazia de conjuntos, a interseção do contradomínio da família é chamada de interseção da família $\{\mathbf{A}_i\}$, ou a interseção dos conjuntos $\mathbf{A}_i$; a notação padrão para este fato é:

$$\cap_{i \in I} \mathbf{A}_i \quad \text{ou} \quad \cap_i \mathbf{A}_i,$$

em conformidade com a importância ou não de se enfatizar o conjunto I de índices (Por uma família não-vazia "queremos dizer uma família cujo domínio I não é vazio.) Segue imediatamente da definição de interseções que se $I \neq \varnothing$, então uma condição necessária e suficiente para $\mathbf{x}$ pentencer a $\cap_i \mathbf{A}_i$ é que $\mathbf{x}$ pertença a $\mathbf{A}_i$ para todo $\mathbf{i}$.

As leis comutativa e associativa generalizadas para interseções podem ser formuladas e provadas do mesmo modo como as para uniões, ou, alternativamente, podem ser derivadas dos fatos para as uniões, usando as leis de ***De Morgan***. Isto é quase óbvio e, portanto, não é de muito interesse. As identidades algébricas interessantes são as que envolvem ambas, uniões e interseções. Assim, por exemplo, se $\{\mathbf{A}_i\}$ é uma família de subconjuntos de $\mathbf{X}$ e $\mathbf{B} \subset \mathbf{X}$, então:

$$\mathbf{B} \cap \cup_i \mathbf{A}_i = \cup_i (\mathbf{B} \cap \mathbf{A}_i)$$

e

$$\mathbf{B} \cup \cap_i \mathbf{A}_i = \cap_i (\mathbf{B} \cup \mathbf{A}_i);$$

estas equações constituem uma ligeira generalização para as leis distributivas.

<u>**Exercício**</u>. Se ambos $\{A_i\}$ e $\{B_j\}$ são famílias de conjuntos, então:

$$(\cup_i A_i) \cap (\cup_j B_j) = \cup_{i,j} (A_i \cap B_j)$$

e

$$(\cap_i A_i) \cup (\cap_j B_j) = \cap_{i,j} (A_i \cup B_j).$$

Explicação de notação : um símbolo tal como $\cup_{i,j}$ é uma abreviação para $\cup_{(i,j) \in I \times J}$.

A notação de famílias é uma das normalmente usadas na generalização do conceito de produto cartesiano. O produto cartesiano de dois conjuntos **X** e **Y** foi definido como o conjunto de todos os pares ordenados **(x, y)** com **x** em **X** e **y** em **Y**. Existe uma natural correspondência um-a-um entre este conjunto e um certo conjunto de famílias. De fato, considere qualquer par particular não-ordenado **{a, b}**, com **a** $\neq$ **b**, e considere o conjunto **Z** de todas as famílias **z**, indexadas por **{a, b}**, tal que $z_a \in X$ e $z_b \in Y$. Se a função **f** de **Z** para **X** $\times$ **Y** é definida por $f(z) = (z_a, z_b)$, então **f** é a correspondência um-a-um prometida. A diferença entre **Z** e **X** $\times$ **Y** é meramente uma questão de notação. A generalização de produtos cartesianos generaliza **Z** mais do que o próprio **X** $\times$ **Y**. (Como conseqüência há um pequeno atrito de terminologia na passagem do caso especial para o geral. Não há como evitá-lo; é como a linguagem matemática é usada atualmente). A generalização agora é direta. Se $\{X_i\}$ é uma família de conjuntos ($i \in I$), o ***PRODUTO CARTESIANO*** da família é, por definição, o conjunto de todas as famílias $\{x_i\}$ com $x_i \in X_i$ para todo **i** em I. Existem vários símbolos para o produto cartesiano em uso mais ou menos corrente; neste livro o denotaremos por:

$$\mathbf{X}_{i \in I}\mathbf{X}_i \quad \textbf{ou} \quad \mathbf{X}_i\, \mathbf{X}_i.$$

Está claro que se todo $\mathbf{X}_i$ é igual a um e ao mesmo conjunto $\mathbf{X}$, então $\mathbf{X}_i\, \mathbf{x}_i = \mathbf{X}^I$. Se I é um par $\{\mathbf{a}, \mathbf{b}\}$, com $\mathbf{a} \neq \mathbf{b}$, então é costume identificar $\mathbf{X}_{i \in I}\mathbf{X}_i$ com o produto cartesiano $\mathbf{X}_a \times \mathbf{X}_b$ como definido antes, e se **I** é um singleto $\{\mathbf{a}\}$, então, analogamente, identificamos $\mathbf{X}_{i \in I}\mathbf{X}_i$ com o próprio $\mathbf{X}_a$. **TRIPLAS ORDENADAS, QUÁDRUPLAS ORDENADAS**, etc., podem ser definidas como famílias cujos conjuntos de índices são triplas, quádruplas, etc., não ordenadas.

Suponha que $\{\mathbf{X}_i\}$ é uma família de conjuntos $(\mathbf{i} \in I)$ e seja $\mathbf{X}$ o seu produto cartesiano. Se $\mathbf{J}$ é um subconjunto de I, então para cada elemento de $\mathbf{X}$ corresponde de um modo natural a um elemento do produto cartesiano parcial $\mathbf{X}_{i \in J}\mathbf{X}_i$. Para definir a correspondência, basta lembrar que todo elemento $\mathbf{x}$ de $\mathbf{X}$ é ele próprio uma família $\{\mathbf{x}_i\}$, isto é, em última análise, uma função sobre I; o correspondente elemento, digamos $\mathbf{y}$, de $\mathbf{X}_{i \in J}\mathbf{X}_i$ é obtido por simples restrição da função a $\mathbf{J}$. Explicitamente, escrevemos $\mathbf{y}_i = \mathbf{x}_i$ sempre que $\mathbf{i} \in \mathbf{J}$. A correspondência $\mathbf{x} \rightarrow \mathbf{y}$ é chamada de projeção de $\mathbf{X}$ sobre $\mathbf{X}_{i \in J}\mathbf{X}_i$; o denotaremos temporiamente por $\mathbf{f}_J$. Se, em particular, $\mathbf{J}$ é um singleto, digamos $\mathbf{J} = \{\mathbf{j}\}$, então escreveremos $\mathbf{f}_j$ (em vez de $\mathbf{f}_{\{j\}}$) para $\mathbf{f}_J$. A palavra "**projeção**", tem um uso múltiplo; se $\mathbf{x} \in \mathbf{X}$, o valor de $\mathbf{f}_j$ em $\mathbf{x}$, isto é, $\mathbf{x}_j$, é também chamado de projeção de $\mathbf{x}$ sobre $\mathbf{X}_j$, ou, de outro modo, a **J-COORDENADA** de $\mathbf{x}$. Uma função aplicada em um produto cartesiano tal como $\mathbf{X}$, é denominada uma função de **VÁRIAS VARIÁVEIS**, e, em particular, uma função aplicada em um produto cartesiano, $\mathbf{X}_a \times \mathbf{X}_b$ é conhecida com uma função de duas variáveis.

Exercício. Prove que $(\cup_i \mathbf{A}_i) \times (\cup_j \mathbf{B}_j) = \mathbf{U}_{i,j} (\mathbf{A}_i \times \mathbf{B}_j)$, e que a mesma equação se mantém para interseções (desde que os domínios das famílias envolvidas não sejam vazios). Prove também (com a apropriada prescrição a respeito de famílias vazias) que $\cap_i \mathbf{X}_i \subset \mathbf{X}_j \subset \cup_i \mathbf{X}_i$ para cada índice **j** e que interseção e união podem de fato ser caracterizadas como soluções extremas destas inclusões. Isto significa que se $\mathbf{X}_j \subset \mathbf{Y}$ para todo índice **j**, então $\cup_i \mathbf{X}_i \subset \mathbf{Y}$, e que $\cup_i \mathbf{X}_i$ é o único conjunto satisfazendo esta condição mínima; a formulação para interseções é semelhante.

Seção 10

Inversas e compostas

Associada com toda função **f**, de **X** para **Y**, digamos, existe uma função de $\mathcal{P}$**(X)** para $\mathcal{P}$**(Y)**, a saber a função (freqüentemente também chamada de **f**) que associa a todo subconjunto **A** de **X** o subconjunto imagem **f(A)** de **Y**. O comportamento algébrico da transformação **A** $\to$ **f(A)** deixa algo a desejar. É verdade que se $\{A_i\}$ é uma família de subconjuntos de **X**, então $f(\cup_i A_i) = \cup_i f(A_i)$ (prova?), mas a correspondente equação para interseções é em geral falsa (exemplo?), e a ligação entre imagens e complementos é igualmente insatisfatória.

A correspondência entre os elementos de **X** e os elementos de **Y** induz sempre uma bem-comportada correspondência entre os subconjuntos de **X** e os subconjuntos de **Y**, não no sentido direto, da formação de imagens, mas no sentido contrário da formação do inverso das imagens. Dada uma função **f** de **X** para **Y**, seja f^{-1}, a ***INVERSA*** de **f**, ou seja a função de $\mathcal{P}(Y)$ para $\mathcal{P}(X)$ tal que se $B \subset Y$, então:

$$f^{-1}(B) = \{x \in X: f(x) \in B\}.$$

Em palavras: $f^{-1}(B)$ consiste exatamente daqueles elementos de **X** que **f** transforma no **B**; o conjunto $f^{-1}(B)$ é chamado de ***IMAGEM INVERSA*** de **B** sob **f**. Uma condição necessária e suficiente para que **f** transforme **X** sobre **Y** é que a imagem inversa sob **f** de cada subconjunto não-vazio de **Y** ser um subconjunto não-vazio de **X**. (Prova?) Uma condição necessária e suficiente para **f** ser uma correspondência um-a-um é que a imagem inversa de **f** para cada singleto na imgem de **f** ser um singleto em **X**.

Se a última condição é satisfeita, então ao símbolo f^{-1} é freqüentemente dado uma segunda interpretação, a saber como a função cujo domínio é a imagem de **f**, e cujo valor para cada **y** no âmbito de **f** é o único **x** em **X** para o qual $f(x) = y$. Em outras palavras, para funções **f** um-a-um podemos escrever $f^{-1}(y) = x$ se e somente se $f(x) = y$. Esta prática de notação é ligeiramente inconsistente com nossa primeira interpretação de f^{-1}, mas o duplo significado parece não levar a confusão alguma.

A ligação entre imagens e imagens inversas merece alguns instantes de consideração.

Se $B \subset Y$, então:

$$f(f^{-1}(B)) \subset B.$$

Prova. Se $y \in f(f^{-1}(B))$, então $y = f(x)$ para algum x em $f^{-1}(B)$; isto significa que $y = f(x)$ e $f(x) \in B$, e portanto $y \in B$.

Se **f** transforma **X** em **Y**, então:

$$f(f^{-1}(B)) = B.$$

Prova. Se $y \in B$, então $y = f(x)$ para algum x em X, e portanto para algum x em $f^{-1}(B)$; isto é o mesmo que $y \in f(f^{-1}(B))$.

Se $A \subset X$, então:

$$A \subset f^{-1}(f(A)).$$

Prova. Se $x \in A$, então $f(x) \in f(A)$; isto é equivalente a $x \in f^{-1}(f(A))$.

Se **f** é um-a-um, então:

$$A = f^{-1}(f(A)).$$

Prova. Se $x \in f^{-1}(f(A))$, então $f(x) \in f(A)$, e portanto $f(x) = f(u)$ para algum u em A; isto implica que $x = u$ e que por isso $x \in A$.

O comportamento algébrico de f^{-1} não é desprezível. Se $\{B_i\}$ é uma família de subconjuntos de **Y**, então:

$$f^{-1}(\cup_i B_i) = \cup_i f^{-1}(B_i)$$

e

$$f^{-1}(\cap_i B_i) = \cap_i f^{-1}(B_i).$$

As provas são diretas. Se por exemplo, $\mathbf{x} \in \mathbf{f}^{-1}(\cap_i \mathbf{B}_i)$, então $\mathbf{f(x)} \in \mathbf{B}_i$ para todo **i**, de modo que se $\mathbf{x} \in \mathbf{f}^{-1}(\mathbf{B}_i)$ para todo **i**, e portanto $\mathbf{x} \in \cap_i \mathbf{f}^{-1}(\mathbf{B}_i)$; todos os passos neste raciocínio são reversíveis. A formação de imagens inversas comuta também com a complementação; isto é,

$$\mathbf{f}^{-1}(\mathbf{Y} - \mathbf{B}) = \mathbf{X} - \mathbf{f}^{-1}(\mathbf{B})$$

para cada subconjunto **B** de **Y**. De fato: se $\mathbf{x} \in \mathbf{f}^{-1}(\mathbf{Y} - \mathbf{B})$, então $\mathbf{f(x)} \in \mathbf{Y} - \mathbf{B}$, de modo que $\mathbf{x} \in' \mathbf{f}^{-1}(\mathbf{B})$, e portanto $\mathbf{x} \in \mathbf{X} - \mathbf{f}^{-1}(\mathbf{B})$; os passos são reversíveis (Observe que a última equação na verdade é uma espécie de lei comutativa: diz que a complementação seguida pela inversão é o mesmo que a inversão seguida pela complementação).

A discussão sobre inversas mostra que a função pode sob certo sentido ser desfeita; a próxima coisa que veremos é que duas funções podem algumas vezes serem aplicadas em um único passo. Se, para ser explícito, **f** é uma função de **X** para **Y** e **g** é uma função de **Y** para **Z**, então todo elemento na imagem de **f** pertence ao domínio de **g**, e, conseqüentemente, **g(f(x))** faz sentido para cada **x** em **X**. A função **h** de **X** para **Z**, definida por **h(x) = g (f(x))** é denominada a ***COMPOSTA*** das funções **f** e **g**; denota-se esta função assim construída por **g∘f** ou, mais simplesmente, por **gf**. (Desde que não teremos ocasião para considerar qualquer outro tipo de multiplicação de funções, neste livro usaremos a última notação, somente por ser mais simples).

Observe que a ordem dos eventos é importante na teoria da composição de funções. Para que **gf** possa ser definida, a imagem de **f** deve estar incluída no domínio de **g**, e isto pode acontecer sem que necessariamente aconteça ao mesmo tempo na outra direção.

Mesmo que se ambas **fg** e **gf** sejam definidas, o que acontece se, por exemplo, **f** transforma **X** para **Y** e **g** transforma **Y** para **X**, as funções **fg** e **gf** não precisam ser a mesma; em outras palavras, a composição funcional não é necessariamente comutativa.

Composição de funções pode não ser comutativa, mas é sempre associativa. Se **f** transforma **X** em **Y**, se **g** transforma **Y** em **Z**, se **h** transforma **Z** em **U**, então podemos formar a composta de **h** com **gf** e a composição de **hg** com **f**; é um exercício simples mostrar que o resultado é o mesmo em qualquer caso.

A ligação entre inversão e composição é importante; é algo que parece surgir por toda a extensão da matemática. Se **f** leva **X** para **Y** e **g** leva **Y** para **Z**, então $\mathbf{f}^{-1}$ leva $\mathcal{P}$**(Y)** para $\mathcal{P}$**(X)** e $\mathbf{g}^{-1}$ leva $\mathcal{P}$**(Z)** para $\mathcal{P}$**(Y)**. Nesta situação, as compostas que podem ser formadas são **gf** e $\mathbf{f}^{-1}\mathbf{g}^{-1}$; a afirmação é que está última é a inversa da anterior. Prova: se $\mathbf{x} \in (\mathbf{gf})^{-1}(\mathbf{C})$ onde $\mathbf{x} \in \mathbf{X}$ e $\mathbf{C} \subset \mathbf{Z}$, então $\mathbf{g}(\mathbf{f}(\mathbf{x})) \in \mathbf{C}$, de modo que $\mathbf{f}(\mathbf{x}) \in \mathbf{g}^{-1}(\mathbf{C})$ e portanto $\mathbf{x} \in \mathbf{f}^{-1}(\mathbf{g}^{-1}(\mathbf{C}))$; os passos do raciocínio são reversíveis.

Inversão e composição para funções são casos especiais de operações análogas para relações. Assim, em particular, associado com toda relação **R** de **X** para **Y** existe a relação ***INVERSA*** (ou ***OPOSTA***) $\mathbf{R}^{-1}$ de **Y** para **X**; por definição $\mathbf{yR}^{-1}\mathbf{x}$ significa que **xRy**. Exemplo: se **R** é a relação de pertinência, de **X** para $\mathcal{P}$**(X)**, então $\mathbf{R}^{-1}$ é a relação estar contido, de $\mathcal{P}$**(X)** para **X**. É uma conseqüência imediata das definições envolvidas que **dom** $\mathbf{R}^{-1}$ = **ima R** e **ima** $\mathbf{R}^{-1}$ = **dom R**. Se a relação **R** é uma função, então as afirmações equivalentes **xRy** e $\mathbf{yR}^{-1}\mathbf{x}$ podem ser escritas nas formas equivalentes $\mathbf{R}(\mathbf{x}) = \mathbf{y}$ e $\mathbf{x} \in \mathbf{R}^{-1}(\{\mathbf{y}\})$.

Por causa das dificuldades com a comutatividade, a generalização de composição de funções tem que ser feita com cautela. A composta das relações **R** e **S** é definida quando **R** é a relação de **X** para **Y** e a **S** a relação de **Y** para **Z**. A relação composta **T**, de **X** para **Z**, é denotada por **SoR**, ou, simplesmente, por **SR**; é definida de modo que se tenha **xTz** se e somente se existe um elemento **y** em **Y** tal que **xRy** e **ySz**. Como um instrutivo exemplo, deixe **R** significar "**filho**" e **S** significar "**irmão**" no, digamos, conjunto dos homens. Em outras palavras, **xRy** significa que **x** é um filho de **y**, e **ySz** significa que **y** é um irmão de **Z**. Neste caso a relação composta **SR** significa "**sobrinho**". (Pergunta: o que $\mathbf{R^{-1}}$, $\mathbf{S^{-1}}$, **RS**, e $\mathbf{R^{-1}S^{-1}}$ significam?) Se ambas, **R** e **S** são funções, então **xRy** e **ySz** podem ser reescritas, respectivamente, como **R(x) = y** e **S(y) = z**. Segue que **S(R(x)) = z** se e somente se **xTz**, de modo que a composição funcional é na verdade um caso especial do que às vezes é chamado o ***PRODUTO RELATIVO***.

As propriedades algébricas da inversão e composição são as mesmas tanto para as relações como para as funções. Assim, em particular, a composição é comutativa apenas por acidente, contudo é sempre associativa, e está sempre ligada à inversão graças à equação $\mathbf{(SR)^{-1} = R^{-1}S^{-1}}$. (Provas?)

A álgebra das relações fornece algumas fórmulas divertidas. Suponha que, por ora, consideremos relações somente em um conjunto **X**, e, em particular, seja I a relação de igualdade em **X** (a qual é o mesmo que a transformação identidade sobre **X**). A relação I age como a unidade multiplicativa; significando que **IR = RI = R** para toda relação **R** em **X**. Questão: existe uma ligação em I, $\mathbf{RR^{-1}}$, e $\mathbf{R^{-1}R}$?As três propriedades que definem uma relação de equivalência podem ser formuladas em termos algébricos como se segue:

reflexividade indica que $I \subset \mathbf{R}$, simetria significa $\mathbf{R} \subset \mathbf{R}^{-1}$, e por fim transitividade significando $\mathbf{RR} \subset \mathbf{R}$.

Exercício. (Assuma em cada caso que **f** é uma função do **X** para **Y**). **(i)** Se **g** é uma função de **Y** para **X** tal que **gf** é a identidade sobre **X**, então **f** é um-a-um e **g** transforma **Y** sobre **X**. **(ii)** Para que se tenha $\mathbf{f(A \cap B) = f(A) \cap f(B)}$ para todos os subconjuntos **A** e **B** de **X** é condição necessária e suficiente que **f** seja um-a-um. **(iii)** Analogamente, para valer $\mathbf{f(X - A) \subset Y - f(A)}$ para todos os subconjuntos **A** de **X** é necessário e suficiente que **f** seja um-a-um. **(IV)** Uma condição necessária e suficiente para acontecer $\mathbf{Y - f(A) \subset f(X - A)}$ para todos os subconjuntos **A** de **X** é que **f** transforme **X** sobre **Y**.

Seção 11

Números

Quanto é dois? Como, de modo geral, vamos definir números? Para preparar a resposta, consideremos um conjunto **X** e formemos a coleção **P** de todos os pares não-ordenados **{a, b}**, com **a** em **X**, **b** em **X**, e **a** ≠ **b**. Parece claro que todos os conjuntos na coleção **P** têm uma propriedade comum, a saber a propriedade de consistirem de dois elementos É atraente tentar definir "**duplicidade**" como a propriedade comum de todos os conjuntos na coleção **P**, mas deve-se resistir à tentação; pois uma tal definição, no final das contas, é um contra-senso matemático. O que é uma propriedade? Como sabemos que, em comum, só há uma propriedade para todos os conjuntos em **P** ?

Refletindo mais poderíamos encontrar um modo de aproveitar a idéia por trás da definição proposta sem usar expressões vagas como "**a propriedade comum**". É uma prática matemática sempre presente identificar uma propriedade como um conjunto, ou seja com o conjunto de todos os objetos que possuem a propriedade; por que não adotá-la aqui? Em outras palavras, por que não definir "**dois**" como o conjunto **P** ? Às vezes são feitas coisas deste gênero, mas não completamente satisfatórias. A dificuldade está em que agora esta nossa proposta modificada depende de **P** , e, em última instância, portanto, de **X**. Na melhor das hipóteses a proposta define duplicidade para subconjuntos de **X**; não dá nenhuma indicação de como ou quando podemos atribuir a propriedade de duplicidade a um conjunto que não está contido em **X**.

Há dois caminhos a seguir. Um caminho é abandonar a restrição a um particular conjunto, e considerar no lugar todos os possíveis pares não-ordenados **{a, b}** com **a ≠ b**. Estes pares não-ordenados não constituem um conjunto; a fim de basear a definição de "**dois**" nestes pares, toda a teoria sob consideração deveria ser entendida para incluir os "**não-conjuntos**" **(classes)** de outra teoria. Isto pode ser feito, mas não será feito aqui; seguiremos uma rota diferente.

Como um matemático poderia definir um metro? O procedimento análogo a um dos esboçados acima envolveria os dois seguintes passos. Primeiro, selecione um objeto que é um dos possíveis modelos do conceito a ser definido – Em outras palavras, um objeto, tal que, em termos intuitivos ou práticos, merece ser chamado, se é que merece, de um metro. Segundo, forme o conjunto de todos os objetos no universo que são do mesmo comprimento do objeto previamente selecionado (note-se que este procedimento não depende do conhecimento do que é metro) e defina-se um metro como um conjunto assim formado.

Como de fato é definido um metro? O exemplo foi escolhido de modo que a resposta a esta questão pudesse sugerir um modo de se chegar a definição de números. A questão é que na definição costumeira de um metro a segunda parte é omitida. Por uma convenção mais ou menos arbitrária um objeto é selecionado e o seu comprimento é chamado um metro. Se a definição é acusada de circularidade (o que significa "**comprimento**"?)*, ela pode ser facilmente convertida em definição demonstrativa irrepreensível; não há apesar de tudo nada que nos impeça de definir um metro como igual ao objeto selecionado. Se esta abordagem demonstrativa é adotada, torna-se tão fácil explicar como antes quando a propriedade de "**ser um metro**" poderá ser, atribuída a algum outro objeto, ou seja, precisamente no caso do novo objeto ter o mesmo comprimento do padrão selecionado. Observamos novamente que para saber se dois objetos têm o mesmo comprimento depende única e simplesmente do ato de comparação, e assim não depende de se ter uma precisa definição de comprimento.

Motivados pelas considerações expostas acima, definimos anteriormente **2** como um particular conjunto (intuitivamente falando) de exatamente dois elementos. Qual foi o conjunto padrão selecionado? Como seriam selecionados os outros conjuntos-padrão para os outros números?Não há nenhuma razão matemática obrigatória para preferirmos uma ou outra resposta a esta questão; a coisa é em grande parte uma questão de preferência. A seleção deveria ser guiada por considerações de simplicidade e economia.

---

* *Exemplo de uma definição circular: ponto é o encontro de duas retas. Agora, a pergunta: o que é uma reta? É um conjunto de pontos. O que é um ponto? A resposta, nos conduzirá de volta ao início, fechando o círculo.* ***N. T.***

Para justificar a particular seleção que foi feita, suponha que o número, digamos **7**, tenha já sido definido como um conjunto (com sete elementos). Como, neste caso, definiríamos **8**? Onde em outras palavras, podemos encontrar um conjunto consistindo exatamente de oito elementos? Podemos encontrar sete elementos no conjunto **7**; o que usaremos como oito para juntar a eles? Uma razoável resposta a esta última pergunta e o próprio número (conjunto) **7**; a proposta é definir **8** como o conjunto consistindo dos sete elementos do **7**, junto com o **7**. Note-se que de acordo com esta proposta cada número será igual ao conjunto de seus próprios predecessores.

O parágrafo anterior motivou uma construção em termos de teoria dos conjuntos que faz sentido para todo conjunto, mas isto é somente de interesse na construção de números. Para todo conjunto **x** definimos o **SUCESSOR** $\mathbf{x}^+$ de **x** como o conjunto obtido pelo acréscimo **x** aos elementos de **x**; em outras palavras:

$$\mathbf{x}^+ = \mathbf{x} \cup \{\mathbf{x}\}.$$

(O sucessor de **x** é usualmente denotado por **x'**).

Estamos agora prontos para definir números naturais. Não há outra alternativa, define-se **0** como um conjunto com zero elementos; assim devemos escrever (como o fizemos):

$$\mathbf{0} = \varnothing.$$

Se todo número natural deve ser igual ao conjunto de seus predecessores, não temos nenhuma outra escolha ao definirmos **1**, ou **2**, ou **3**; devemos escrever:

$$1 = 0^+ (= \{0\}),$$

$$2 = 1^+ (= \{0, 1\}),$$

$$3 = 2^+ (= \{0, 1, 2\}),$$

etc. O "**etc.**" significa que adotamos a notação usual, e, no que se segue, estaremos livres para usar numerais como "**4**" ou "**956**" sem quaisquer maiores explicações ou desculpa.

Do que foi dito até agora não se depreende que a construção de sucessores pode ser levada a frente **AD INFINITUM** com o mesmo e único conjunto. O que precisamos em termos de teoria dos conjuntos é de um novo princípio.

Axioma da Infinitude. Existe um conjunto que contém o **0** e o sucessor de cada um dos seus elementos.

A razão para o nome do axioma deveria estar clara. Ainda não demos uma definição precisa de infinitude, mas parece razoável que conjuntos tais como o que o axioma da infinitude descreve merecem ser chamados de infinitos.

Diremos, por ora, que um conjunto **A** é um ***CONJUNTO SUCESSOR*** se $\mathbf{0} \in \mathbf{A}$ e se $\mathbf{x}^+ \in \mathbf{A}$ sempre que $\mathbf{x} \in \mathbf{A}$. Nesta linguagem o axioma da infinitude simplesmente diz que existe um conjunto sucessor **A**. Desde que a interseção de toda família (não-vazia) de conjuntos sucessores é um conjunto de si mesmo (prova?), a interseção de todos os conjuntos sucessores contidos em **A** é um conjunto sucessor ω. O conjunto ω é um subconjunto de todo conjunto sucessor. Se, de fato, **B** é um conjunto sucessor arbitrário, então **A** $\cap$ **B** também o é. Desde que **A** $\cap$ **B** $\subset$ **A**, o conjunto **A** $\cap$ **B** é um dos conjuntos que entram na definição de ω; segue-se então que $\omega \subset$ **A** $\cap$ **B**, e, conseqüentemente, tem-se $\omega \subset$ **B**. A propriedade de minimalidade assim estabelecida caracteriza unicamente ω; o axioma da extensão garante que há um único conjunto sucessor que está contido em todo outro conjunto sucessor. Um **NÚMERO NATURAL**, por definição, é um elemento do conjunto sucessor mínimo ω. Esta definição de números naturais é a contrapartida rigorosa da descrição intuitiva de acordo com a qual eles consistem de **0, 1, 2, 3 "e assim por diante"**. Incidentalmente o símbolo (ω) que estamos usando para o conjunto de todos os números naturais tem uma maioria de votos dos escritores no assunto, mas não absoluta. Neste livro será o símbolo a ser usado sistematicamente e exclusivamente no sentido definido acima.

Este ligeiro sentimento de desconforto que pode estar experimentando o leitor em relação à definição de números naturais é muito comum e na maior parte dos casos temporário. A dificuldade aqui, como antes (na definição de pares ordenados), o objeto definido possui uma estrutura irrelevante, que parece escapar à definição (mas isto na verdade não causa prejuízo). O que queremos dizer é que o sucessor de **7** é **8**, mas dizer que **7** é um subconjunto de **8** ou que **7** é um elemento de **8** é perturbante. Faremos uso desta superestrutura dos números naturais apenas o bastante para derivar as suas mais importantes propriedades naturais; depois disto a superestrutura pode ser seguramente esquecida.

Uma família $\{x_i\}$ cujo conjunto de índices é um número natural ou melhor, o conjunto de todos os números naturais é chamada uma ***SEQÜÊNCIA*** (respectivamente, ***FINITA*** ou ***INFINITA***). Se $\{A_i\}$ é uma seqüência de conjuntos, onde o conjunto de índice é o **número** natural **n⁺**, então a união da seqüência é denotada por:

$$\bigcup^{n}_{i=0} \mathbf{A_i} \text{ ou } \mathbf{A_0 \cup \ldots \cup An.}$$

Se o conjunto de índices é ω, a notação passa a ser:

$$\bigcup^{\infty}_{i=0} \mathbf{A_i} \text{ ou } \mathbf{A_0 \cup A_1 \cup A_2 \cup \ldots}$$

Interseções e produtos cartesianos de seqüências são de modo análogo denotados por:

$$\bigcap^{n}_{i=0} \mathbf{A_i}, \mathbf{A_o} \cap \ldots \cap \mathbf{An},$$

$$\mathbf{X}^{n}_{i=0} \mathbf{A_i}, \mathbf{A_0} \times \ldots \times \mathbf{An},$$

e

$$\bigcap^{\infty}_{i=0} \mathbf{A_i}, \mathbf{A_0} \cap \mathbf{A_1} \cap \mathbf{A_2} \cap \ldots,$$

$$\mathbf{X}^{\infty}_{i=0} \mathbf{A_i}, \mathbf{A_0} \times \mathbf{A_1} \times \mathbf{A_2} \times \ldots .$$

A palavra "**seqüência**" na literatura matemática é usada em algumas circunstâncias diferentes, mas as diferenças dizem respeito mais à notação do que ao conceito em si. A alternativa mais comum começa em **1** em vez de no **0**; em outras palavras, refere-se a uma família cujo conjunto de índice é ω **- {0}** em vez de ω.

Seção 12

Os axiomas de Peano

Vamos entrar agora numa digressão menor. O propósito da digressão é um contato ligeiro com a teoria aritmética dos números naturais. Do ponto de vista da teoria dos conjuntos é um luxo prazeiroso.

A coisa mais importante que devemos saber a respeito do conjunto ω de todos os números naturais é que ele é o único conjunto sucessor subconjunto de todo conjunto sucessor. Dizer que ω é um conjunto sucessor significa:

(I) $\quad \mathbf{0} \in \omega$

(onde, naturalmente, $\mathbf{0} = \varnothing$), e que:

(II) se $\mathbf{n} \in \omega$, então $\mathbf{n}^{+} \in \omega$

(onde, $\mathbf{n}^{+} = \mathbf{n} \cup \{n\}$). A propriedade de minimalidade de ω pode ser expressa dizendo que se um subconjunto **S** de ω é um conjunto sucessor, então $\mathbf{S} = \omega$. Ou, alternativamente e em termos mais primitivos,

(III) Se $\mathbf{S} \subset \omega$, se $\mathbf{0} \in \mathbf{S}$, e se $\mathbf{n}^{+} \in \mathbf{S}$ sempre que $\mathbf{n} \in \mathbf{S}$, então $\mathbf{S} = \omega$.

A propriedade **(III)** é conhecida como o **príncipio da indução matemática**.

Acrescentaremos a esta lista de propriedades de ω mais duas outras:

(IV) $\mathbf{n}^{+} \neq \mathbf{0}$ para todo **n** em ω,

e

(V) se n e m estão em ω, e se $n^{+} = m^{+}$, então $n = m$.

A prova de **(IV)** é trivial; desde que $\mathbf{n}^{+}$ sempre contém **n**, e uma vez que **0** é vazio, fica claro que $\mathbf{n}^{+}$ é diferente de **0**. A prova de **(V)** não é trivial; depende de um par de proposições auxiliares. A primeira afirma que alguma coisa que não deve acontecer de fato não acontece. Mesmo que se as considerações que a prova envolve parecem patológicas e estranhas ao espírito aritmético que esperamos encontrar na teoria dos números naturais, os fins justificam os meios. A segunda proposição refere-se ao elemento cujo comportamento é bastante similar ao daquele excluído. Desta vez, contudo, as considerações aparentemente artificiais terminam em resultado afirmativo: alguma coisa ligeiramente surpreendente acontece. As afirmações são como segue: **(i)** *nenhum número natural é um subconjunto de qualquer um dos seus elementos*, e **(ii)** *cada elemento de um número natural é deste um subconjunto*. Às vezes um conjunto com a propriedade que inclui ($\subset$) tudo que ele contém ($\in$) é chamado um conjunto ***TRANSITIVO***. Mais precisamente, dizer que E é transitivo significa que se $\mathbf{x} \in \mathbf{y}$ e $\mathbf{y} \in \mathbf{E}$, então $\mathbf{x} \in \mathbf{E}$. (Recorde o uso ligeiramente diferente da palavra que encontramos na teoria das relações). Nesta linguagem, **(ii)** diz que todo número natural é transitivo.

A prova de **(i)** é uma aplicação típica do princípio da indução matemática. Seja **S** o conjunto de todos os números naturais **n** que não estão contidos em qualquer um de seus elementos. (Explicitamente: $\mathbf{n} \in \mathbf{S}$ se e somente se $\mathbf{n} \in \omega$ e **n** não é um subconjunto de **x** para qualquer **x** em **n**). Desde que **0** não é um subconjunto de qualquer um de seus elementos, segue-se que $\mathbf{0} \in \mathbf{S}$. Suponha agora que $\mathbf{n} \in \mathbf{S}$. Desde que **n** é um subconjunto de **n**, podemos inferir que **n** não é um elemento de **n**, e portanto que $\mathbf{n}^+$ não é um subconjunto de **n**. De quem $\mathbf{n}^+$ pode ser um subconjunto? Se $\mathbf{n}^+ \subset \mathbf{x}$, então $\mathbf{n} \subset \mathbf{x}$ e portanto (desde que $\mathbf{n} \in \mathbf{S}$) $\mathbf{x} \in' \mathbf{n}$. Segue-se que $\mathbf{n}^+$ não pode ser um subconjunto de **n**, e $\mathbf{n}^+$ não pode ser um subconjunto de qualquer elemento de **n**. Isto significa que $\mathbf{n}^+$ não pode ser um elemento de qualquer elemento de $\mathbf{n}^+$, e que portanto $\mathbf{n}^+ \in \mathbf{S}$. A desejada conclusão **(i)** é agora uma conseqüência de **(III)**.

A prova de **(ii)** é também indutiva. Desta vez seja **S** o conjunto de todos os números naturais transitivos. (Explicitamente: $\mathbf{n} \in \mathbf{S}$ se e somente se $\mathbf{n} \in \omega$ e **x** é um subconjunto de **n** para todo **x** em **n**). A imposição que $\mathbf{0} \in \mathbf{S}$ é satisfeita por vacuidade. Suponha agora que $\mathbf{n} \in \mathbf{S}$. Se $\mathbf{x} \in \mathbf{n}^+$, então $\mathbf{x} \in \mathbf{n}$ ou $\mathbf{x} = \mathbf{n}$. No primeiro caso $\mathbf{x} \subset \mathbf{n}$ (desde que $\mathbf{n} \in \mathbf{S}$) e portanto $\mathbf{x} \subset \mathbf{n}^+$; no segundo caso $\mathbf{x} \subset \mathbf{n}^+$ por razões ainda mais triviais. Segue-se que cada elemento de $\mathbf{n}^+$ é um subconjunto de $\mathbf{n}^+$, ou, em outras palavras, que $\mathbf{n}^+ \in \mathbf{S}$. A desejada conclusão **(ii)** é uma conseqüência de **(III)**.

Estamos agora em condições de provar **(V)**. Suponha que de fato **n** e **m** são números naturais e que $n^+ = m^+$. Desde que $n \in n^+$, segue-se que $n \in m^+$, e portanto que $n \in m$ ou $n = m$. Analogamente, $m \in n$ ou $m = n$. Se $n \neq m$, então devemos ter $n \in m$ e $m \in n$. Desde que, por **(ii)**, **n** é transitivo, segue-se que $n \in n$. Contudo, desde que $n \subset n$, isto contradiz **(i)** e a prova está completa.

As afirmações **(I)** – **(V)** são conhecidas como axiomas de Peano; as quais foram consideradas como a nascente de todo o conhecimento matemático. Delas (e mais os princípios da teoria dos conjuntos que vimos até agora) é possível definir os inteiros, os números racionais, os reais e os números complexos, e derivar suas propriedades aritméticas e analíticas. Tal programa não está dentro do escopo deste livro; o leitor interessado não terá nenhuma dificuldade em localizar e estudar o assunto em outra fonte.

Indução é muitas vezes usada não só para provar coisas mas também para definir coisas. Suponha, para sermos específicos, que **f** é uma função de um conjunto **X** para o mesmo conjunto **X**, e admita que **a** é um elemento de **X**. Parece natural tentar definir uma seqüência infinita $\{u(n)\}$ de elementos **X** (isto é, uma função **u** de ω para **X**) de um modo como este: escreva $u(0) = a$, $u(1) = f(u(0))$, $u(2) = f(u(1))$, e assim por diante. Se o suposto definidor fosse pressionado a explicar o ***"o assim por diante"*** poderia se apoiar na indução. O que tudo isto significa, ele poderia dizer, é que se definirmos **u(0)** como **a**, e então, indutivamente, definimos $u(n^+)$ como $f(u(n))$ para todo **n**. Isto pode soar bem, mas, como justificação para uma afirmação existencial, é insuficiente. O princípio da indução matemática prova de fato, facilmente, que pode haver quando muito uma função satisfazendo todas as condições impostas, mas não estabelece a existência de tal função. O que falta é o seguinte resultado.

Teorema da Recursividade. Se a é um elemento de um conjunto **X**, e se **f** é uma função de **X** para **X**, então existe uma função **u** de ω para **X** tal que **u(0) = a** e tal que **u(n⁺) = f(u(n)** para todo **n** em ω.

Prova. Recorde-se que uma função de ω para **X** é um certo tipo de subconjunto de $\omega \times$ **X**; construiremos **u** explicitamente como um conjunto de pares ordenados. Considere, para este propósito, a coleção $\mathcal{C}$ de todos aqueles subconjuntos A de $\omega \times$ **X** para os quais **(0, a)** $\in$ **A** e também que **(n⁺, f(x))** $\in$ **A** sempre que **(n, x)** $\in$ **A**. Desde que $\omega \times$ **X** tem essas propriedades, a coleção $\mathcal{C}$ não é vazia. Portanto, podemos formar a interseção **u** de todos os conjuntos da coleção $\mathcal{C}$. Desde que é fácil ver que o próprio **u** pertence a $\mathcal{C}$, resta somente provar que **u** é uma função. Estamos para provar, em outras palavras, que para cada número natural **n** existe no máximo um elemento **x** de **X** tal que **(n, x)** $\in$ **U**. (Explicitamente: se ambos, **(n, x)** e **(n, y)** pertencem a **u**, então **x = y**). A prova é indutiva. Seja **S** o conjunto de todos aqueles números naturais **n** para os quais é de fato verdade que **(n, x)** $\in$ **u** para no máximo um **x**. Provaremos que **0** $\in$ **S** e que se **n** $\in$ **S**, então **n⁺** $\in$ **S**.

E **0** pertence a **S**? Se não, então **(0, b)** $\in$ **u** para algum **b** distinto de **a**. Considere, neste caso o conjunto **u – {(0, b)}**. Observe que este diminuido conjunto ainda contém **(0, a)** (pois **a** $\neq$ **b**), e que se o conjunto diminuido contém **(n, x)**, então ele também contém **(n⁺, f(x))**. A razão para a segunda afirmativa é uma vez que **n⁺** $\neq$ **0**, o elemento descartado não é igual a **(n⁺, f(x))**. Em outras palavras, **u – {(0, b)}** $\in$ $\mathcal{C}$. Isto contradiz o fato que **u** é o menor conjunto em $\mathcal{C}$, e assim podemos concluir que **0** $\in$ **S**.

Suponha agora que **n** $\in$ **S**; isto significa que existe um único elemento **x** em **X** tal que **(n, x)** $\in$ **u**. Desde que **(n, x)** $\in$ **u**, segue-se que **(n⁺, f(x))** $\in$ **u**. Se **n⁺** não pertence a **S**, então **(n⁺, y)** $\in$ **u** para algum **y** diferente de **f(x)**. Considere, neste caso, o conjunto **u** – $\{(n^+, y)\}$. Observe que este conjunto diminuido contém **(0, a)** (uma vez que $n^+ \neq 0$), e que se o conjunto diminuido contém **(m, t)**, digamos, então ele contém também $(m^+, f(t))$. Na verdade, se **m = n**, então **t** deve ser **x**, e a razão que faz o conjunto diminuído conter $(n^+, f(x))$ é que $f(x) \neq y$; se, por outro lado, $m \neq n$, então a razão do conjunto diminuído conter $(m^+, f(t))$ é que $m^+ \neq n^+$. Em outras palavras, $u - \{(n^+, y)\} \in C$. Isto outra vez contradiz o fato que **u** é o menor conjunto em C, e assim podemos concluir que $n^+ \in S$.

A prova do teorema da recursividade está completa. Uma aplicação deste teorema chama-se ***DEFINIÇÃO POR INDUÇÃO***.

Exercício. Prove que se **n** é um número natural, então $n \neq n^+$; se $n \neq 0$, então $n = m^+$ para algum número natural **m**. Prove que ω é transitivo. Prove que se **E** é um subconjunto não vazio de algum número natural, então existe um elemento **k** em **E** tal que $k \in m$ sempre que **m** for um elemento de **E**, distinto de **k**.

Seção 13

Aritmética

A introdução da adição para números naturais é um exemplo típico de definição por indução. De fato, segue-se do teorema da recursividade que para cada número natural **m** existe uma função $\mathbf{S_m}$ de ω para ω tal que $\mathbf{S_m(0) = m}$ e também que $\mathbf{S_m(n^+) = (S_m(n))^+}$ para todo número natural **n**; o valor $\mathbf{S_m(n)}$ é, por definição, a soma **m + n**. As propriedades aritméticas gerais da adição são provadas por aplicações repetidas do princípio da indução matemática. Assim, por exemplo, a adição é associativa. Isto significa que:

$$\mathbf{(k + m) + n = k + (m + n)}$$

sempre que **k**, **m** e **n** sejam números naturais. A prova sai por indução sobre **n** como segue. Desde que **(k + m) + 0 = k + m e k +**

$(m + 0) = k + m$, a equação é verdade se $n = 0$. Se a equação é verdade para n, então $(k + m) + n^+ = ((k + m) + n)^+$ (por definição) $= (k + (m + n))^+$ (pela hipótese de indução) $= k + (m + n)^+$ (novamente pela definição de adição) $= k + (m + n^+)$ (idem), e o argumento está completo. A prova da comutatividade da adição (isto é, $m + n = n + m$ para todo m e n) é mais trabalhada; um ataque direto pode falhar. O certo é provar, por indução sobre n, que **(i)** $0 + n = n$ e **(ii)** $m^+ + n = (m + n)^+$, e então provar por indução sobre m a desejada equação comutativa da adição, via **(i)** e **(ii)**.

Técnicas semelhantes são aplicadas nas definições de produtos e expoentes e nos desenvolvimentos das provas das respectivas propriedades aritméticas. Para definir multiplicação, aplica-se o teorema da recursividade para gerar funções p_m tais que $p_m(0) = 0$ e também que $p_m(n^+) = p_m(n) + m$ para todo número natural n; assim o valor $p_m(n)$ é, por definição, o produto $m.n$. (O ponto é freqüentemente omitido). A multiplicação é associativa e comutativa; as provas são adaptações diretas daquelas trabalhadas nas da adição. A lei distributiva (isto é; a afirmação que $k. (m + n) = k.m + k.n$ desde que k, m, e n sejam números naturais) é outra imediata conseqüência do princípio da indução matemática. (Use indução sobre n). Qualquer um que tenha lidado com somas e produtos desta maneira não teria dificuldade com expoentes. O teorema da recursividade permite funções tais que $e_m(0) = 1$ e também que $e_m(n^+) = e_m(n). m$ para todo número natural n; o valor $e_m(n)$ é, por definição, a ***POTÊNCIA*** m^n. A descoberta e comprovação das propriedades de potências, bem como as detalhadas provas das proposições a respeito de produtos, podem ser certamente deixadas como exercícios para o leitor.

O próximo tópico que merece atenção é a teoria da ordem no conjunto dos números naturais. Para este propósito começamos por examinar com cuidado a questão segundo a qual os números naturais estão ligados uns aos outros. Formalmente, dizemos que dois números naturais **m** e **n** são comparáveis se **m** $\in$ **n**, ou **m** = **n**, ou **n** $\in$ **m**. Afirmação: dois números naturais são sempre comparáveis. A prova desta afirmação consiste de vários passos; será conveniente introduzir alguma notação. Para cada **n** em ω, escreve-se **S(n)** para o conjunto de todos os **m** em ω que são comparáveis com **n**, e seja **S** o conjunto de todos os **n** para os quais **S(n)** = ω. Nestes termos, a afirmação simplifica-se para **S** = ω. Iniciamos a prova mostrando que **S(0)** = ω (isto é, que **0** $\in$ **S**). Claramente **S(0)** = contém **0**. Se **m** $\in$ **S(0)**, então, desde que **m** $\in$ **0** é impossível, então **m** = **0** (sendo assim $\theta \in$ **m**$^+$), ou **0** $\in$ **m** (aqui, novamente, **0** $\in$ **m**$^+$). Portanto, em todos os casos, se **m** $\in$ **S(0)**, então **m**$^+$ $\in$ **S(0)**; isto prova que **S(0)** = ω. Completamos a prova mostrando que se **S(n)** = ω, então **S(n**$^+$**)** = ω. O fato que **0** $\in$ **S(n**$^+$**)** é imediato (uma vez que **n**$^+$ $\in$ **S(0)**); falta provar que se **m** $\in$ **S(n**$^+$**)**, então **m**$^+$ $\in$ **S(n**$^+$**)**. Desde que **m** $\in$ **S(n**$^+$**)**, então **n**$^+$ $\in$ **m** (assim **n**$^+$ $\in$ **m**$^+$), ou **n**$^+$ = **m** (idem), ou **m** $\in$ **n**$^+$. Neste último caso, **m** = **n** (sendo assim **m**$^+$ = **n**$^+$) ou **m** $\in$ **n**. O último caso, por sua vez, se divide de acordo com o comportamenteo de **m**$^+$ e **n**: uma vez que **m**$^+$ $\in$ **S(n)**, devemos ter **n** $\in$ **m**$^+$, ou **n** = **m**$^+$, ou **m**$^+$$\in$ **n**. A primeira possibilidade é incompatível com a presente situação (isto é, com **m** $\in$ **n**). A razão é que se **n** $\in$ **m**$^+$, então **n** $\in$ **m** ou **n** = **m**, de modo que, em qualquer caso, **n** $\subset$ **m**, e sabemos que nenhum número natural é subconjunto de um de seus elementos. As duas possibilidades que restam implicam que **m**$^+$ $\in$ **n**$^+$, e a prova está completa.

O parágrafo precendente ressalta que se **m** e **n** estão em ω, então pelo menos uma das três possibilidades (**m** $\in$ **n**, **m** = **n**, **n** $\in$ **m**) deve valer; de fato, é fácil ver que, uma das três sempre acontece. (A razão disto está no fato de que um número natural não é um subconjunto de um de seus elementos). Ainda outra conseqüência do parágrafo anterior é que se **n** e **m** são números naturais distintos, então uma condição necessária e suficiente para que **m** $\in$ **n** é que **m** $\subset$ **n**. De fato a implicação de **m** $\in$ **n** para **m** $\subset$ **n** é justamente a transitividade de **n**. Se, inversamente, **m** $\subset$ **n** e **m** $\neq$ **n**, então **n** $\in$ **m** não pode ocorrer (pois se assim fosse **m** seria um subconjunto de um de seus elementos), e portanto **m** $\in$ **n**. Se **m** $\in$ **n**, ou se, de forma equivalente, **m** é um subconjunto próprio de **n**, então escreveríamos **m** < **n** e diríamos que **m** é menor do que **n**. Sabendo-se que **m** é menor do que **n**, ou então que é igual a **n**, escrevemos **m** $\leq$ **n**. Note-se que $\leq$ e < são relações em ω. A primeira é uma relação reflexiva, mas a última não; nenhuma das duas é simétrica; ambas são transitivas. Se **m** $\leq$ **n** e **n** $\leq$ **m**, então **m** = **n**.

Exercício. Prove que se **m** < **n**, então **m** + **k** < **n** + **k**, e prove que se **m** < **n** e **k** $\neq$ **0**, então **m.k** < **n.k**. Prove que se **E** é um conjunto não-vazio de números naturais, então existe um elemento **k** em E tal que **k** $\leq$ **m** para todo **m** em **E**.

Dois conjuntos **E** e **F** (não necessariamente subconjuntos de ω) são ditos ***EQUIVALENTES***, em símbolos **E** ~ **F**, se existir uma correspondência um-a-um entre eles. É fácil verificar que equivalência neste sentido, ou seja, para subconjuntos de algum particular conjunto **X**, é uma relação de equivalência no conjunto potência $\mathcal{P}$**(X)**.

Todo subconjunto próprio de um número natural **n** é equivalente a um número menor (isto é, equivalente a um elemento de **n**). A prova desta afirmação é indutiva. Para **n** = **0** a demonstração é trivial. Se é verdade para **n**, se **E** é um subconjunto próprio de $\mathbf{n}^+$ então **E** é um subconjunto próprio de **n** e a hipótese de indução aplica-se, ou **E** = **n** e o resultado é trivial ou **n** $\in$ **E**. No último caso, acha-se um número **k** em **n**. mas não em **E** e define-se uma função **f** sobre **E**, escrevendo **f(i) = i** quando **i ≠ n** e **f(n) = k**. Claramente **f** é um-a-um e transforma **E** em **n**. Segue-se que a imagem de **E** sob **f** é igual a **n** ou (pela hipótese de indução) equivalente a algum elemento **n**, e, conseqüentemente, o próprio **E** é sempre equivalente a algum elemento de $\mathbf{n}^+$.

É de certo modo estranho o fato de um conjunto poder ser equivalente a um subconjunto próprio de si mesmo. Se, por exemplo, uma função **f** de ω para ω é definida escrevendo-se $\mathbf{f(n) = n^+}$ para todo **n** em ω, então **f** é uma correspondência um-a-um entre o conjunto de todos os números naturais e o subconjunto próprio consistindo dos não-zero números naturais. Ainda que o conjunto de todos os números naturais possua esta propriedade peculiar, é agradável saber que a sensatez prevalece para cada particular número natural. Em outras palavras, se **n** ∈ ω, então **n** não é equivalente a um subconjunto próprio de **n**. Para **n = 0** isto é claro. Suponha agora que é verdade para **n**, e também que **f** é uma correspondência um-a-um de $\mathbf{n}^+$ para um subconjunto próprio **E** de $\mathbf{n}^+$. Se **n** ∈' **E**, então a restrição de **f** para **n** é um correspondência um-a-um entre **n** e um subconjunto próprio de **n**, que contradiz a hipótese de indução. Se **n** ∈ **E**, então n é equivalente a **E** – **{n}**, de modo que, pela hipótese de indução, **n** = **E** – **{n}**. Isto implica que **E** = $\mathbf{n}^+$, o que contradiz a afirmação que **E** é um subconjunto próprio de $\mathbf{n}^+$.

Um conjunto **E** é dito ***FINITO*** se for equivalente a algum número natural; de outra forma **E** é **INFINITO**.

Exercício. Use esta definição para provar que ω é um conjunto infinito.

Um conjunto pode ser equivalente a, no máximo, um número natural (Prova: sabemos que para quaisquer dois números naturais distintos um deles deve ser um elemento e portanto um subconjunto próprio do outro; segue-se do parágrafo anterior que eles não podem ser equivalentes). Podemos concluir que um conjunto finito nunca é equivalente a um subconjunto próprio; em outras palavras, restringindo-nos tão, somente a conjuntos finitos, o todo é sempre maior do que qualquer de suas partes.

Exercício. Use esta conseqüência da definição de finitude para provar que ω é um conjunto infinito.

Desde que todo subconjunto de um número natural é equivalente a um número natural, segue-se, que todo subconjunto de um conjunto finito é também finito.

O NÚMERO DE ELEMENTOS em um conjunto finito **E** é, por definição, o único número natural equivalente a **E**; denotaremos este fato por **# (E)***. É claro que se a correspondência entre **E** e **#(E)** é restrita a subconjuntos finitos de algum conjunto **X**, o resultado é uma função de um subconjunto do conjunto potência $\mathcal{P}$**(X)** para ω. Esta função está satisfatoriamente relacionada às familiares relações e operações da teoria dos conjuntos. Assim, por exemplo, se **E** e **F** são conjuntos finitos tais que $E \subset F$, então $\#(E) \leq \#(F)$. (A razão, uma vez que $E \sim \#(E)$ e $F \sim \#(F)$, surge do fato de **#(E)** ser equivalente a um subconjunto de **#(F)**). Outro exemplo é a afirmação que se **E** e **F** são conjuntos finitos, então $E \cup F$ é finito, e, mais, se **E** e **F** são conjuntos disjuntos, então $\#(E \cup F) = \#(E) + \#(F)$. O passo crucial na prova é o fato de **m** e **n** serem números naturais, então o complemento de **m**

* *A notação proposta está assim, associada a um número natural. **N. T.***

na soma **m + n** é equivalente a **n**; a demonstração deste fato auxiliar é feita por indução sobre **n**. Técnicas semelhantes provam que se **E** e **F** são conjuntos finitos, o mesmo acontece com os conjuntos **E × F** e $\mathbf{E}^{\mathbf{F}}$, e, mais, **#(E × F) = #(E) . #(F)** e $\#(\mathbf{E}^{\mathbf{F}}) = \#(\mathbf{E})^{\#(\mathbf{F})}$.

Exercício. A união de um conjunto finito de conjuntos é finita. Se **E** é finito, então $\mathcal{P}$**(E)** é finito e, além disso, $\#(\mathcal{P}(\mathbf{E})) = 2^{\#(\mathbf{E})}$. Se **E** é um conjunto finito não-vazio de números naturais, então existe um elemento **k** em **E** tal que **m ≤ k** para todo **m** em **E**.

Seção 14

Ordem

Por toda a matemática a teoria da ordenação desempenha um papel importante, em particular, na generalização para os conjuntos infinitos do processo de contagem, apropriado aos conjuntos finitos. As definições básicas são simples. A única coisa a lembrar é da motivação inicial que surge das conhecidas propriedades da relação "**menor ou igual**" e não da relação "**menor que**". Não há nenhuma razão significativa para isto; acontece apenas que a generalização de "**menor ou igual**" ocorre mais freqüentemente e é mais receptiva ao tratamento algébrico.

Uma relação **R** em um conjunto **X** é denominada ***ANTI-SIMÉTRICA*** se, para todo **x** e **y** em **X**, a validade ao mesmo tempo de **xRy** e **yRx** implica que **x** = **y**. Uma ***ORDEM PARCIAL*** (ou, algumas vezes, ordem, simplesmente) em um conjunto **X** é uma relação reflexiva, anti-simétrica, e transitiva. É costume usar somente um símbolo (ou algum outro tipograficamente próximo) para a maioria das ordens parciais na maior parte dos conjuntos; o símbolo de uso comum é o familiar sinal de desigualdade. Assim uma ordem parcial em **X** pode ser definida pela relação $\leq$ em **X** tal que, para todo **x**, **y** e **z** em **X**, temos **(i)** $x \leq x$, **(ii)** se $x \leq y$ e $y \leq x$, então $x = y$, e **(iii)** se $x \leq y$ e $y \leq z$, então $x \leq z$. A razão para a qualificação de "**parcial**" é que algumas questões a respeito de ordem podem ser deixadas sem respostas. Se para todo **x** e **y** em **X** acontece $x \leq y$ ou se $y \leq x$, então $\leq$ é dita uma ordem ***TOTAL*** (algumas vezes diz-se ***SIMPLES*** ou ***LINEAR***). Um conjunto totalmente ordenado é freqüentemente denominado uma ***CADEIA***.

Exercício. Expresse as condições de anti-simetria e de totalidade para uma relação **R**, usando equações envolvendo **R** e sua inversa.

O mais natural exemplo de uma ordem parcial (mas não total) é a inclusão. Explicitamente: para cada conjunto **X**, a relação $\subset$ é uma ordem parcial no conjunto potência $\mathcal{P}(X)$; é uma ordem total se e somente **X** é vazio ou se **X** for um singleto. Um bem conhecido exemplo de uma ordem total é a relação ***"menor ou igual a"*** no conjunto dos números naturais. Uma interessante é freqüentemente vista ordem parcial é a relação de extensão para funções. Explicitamente: para dados conjuntos **X** e **Y**, seja **F** o conjunto de todas as funções cujos domínios estarão em **X** e cujos contradomínios estão em **Y**. Define-se uma relação **R** em **F** escrevendo **fRg** no caso em que **dom f** $\subset$ **dom g** e $f(x) = g(x)$ para todo **x** no **dom f**; em outras palavras, **fRg** significa que **f** é uma restrição de **g**, ou, de modo equivalente, que **g** é uma extensão de **f**. Se nos lembrarmos que funções em **F** são, afinal de contas, certos subconjuntos do produto cartesiano $X \times Y$, vamos reconhecer que

fRg significa o mesmo que **f** $\subset$ **g**; extensão é um caso especial de inclusão.

Um ***CONJUNTO PARCIALMENTE ORDENADO*** é um conjunto acompanhado de uma ordem parcial. Uma formulação precisa de "**acompanhado**" é feita nos seguintes termos: um conjunto parcialmente ordenado é um par ordenado **(X,** $\leq$**)**, onde **X** é um conjunto e $\leq$ uma ordem parcial em **X**. Este tipo de definição é muito comum em matemática; uma estrutura matemática é quase sempre um conjunto "**junto**" com alguns outros especificados conjuntos, funções e relações. O modo aceitável de construir tais definições precisas é fazendo referência a pares ordenados, triplas, ou o que for apropriado. Mas não é o único modo. Observe, por exemplo, que o conhecimento de uma ordem parcial implica em saber o seu dominio. Se, portanto, descrevemos um conjunto parcialmente ordenado como um par ordenado, estamos sendo bastantes, reduntantes; a segunda coordenada por si só conteria a mesma quantidade de informação. Em termos de linguagem e notação, todavia, a tradição sempre se impõe à pura razão. O comportamento matemático aceitável (para estruturas em geral, ilustrado aqui para conjuntos de pares ordenados) é admitir que a abordagem por pares ordenados é a correta, e esquecer que a segunda coordenada é a importante, e falar como se a primeira coordenada é tudo que importa. Seguindo o costume, muitas vezes diremos algo como "seja **X** um conjunto parcialmente ordenado", quando o que realmente queremos dizer é "seja **X** o domínio de uma ordem parcial". As mesmas convenções lingüistiscas aplicam-se aos conjuntos totalmente ordenados, isto é, aos conjuntos parcialmente ordenados cuja ordem, na verdade, é total.

A teoria dos conjuntos parcialmente ordenados usa muitas palavras cujos significados técnicos estão tão próximos das suas conotações do dia-a-dia que praticamente são auto-explicativas. Para sermos específicos, suponha que **X** é um conjunto parcialmente ordenado e que **x** e **y** são elementos de **X**. Escrevemos **y** $\geq$ **x** no caso de **x** $\leq$ **y**; em outras palavras, $\geq$ é a relação inversa de $\leq$. Se **x** $\leq$ **y** e **x** $\neq$ **y**, escrevemos **x** < **y** e dizemos que **x** é ***MENOS*** do que ou ***MENOR*** do que **y**, ou que **x** é um ***ANTECESSOR*** de **y**. Alternativamente e ainda sob as mesmas circustâncias, escrevemos **y** > **x** e dizemos que **y** é ***MAIOR*** do que **x**, ou **y** é um ***SUCESSOR*** de **x**. A relação < é tal que **(i)** não há, de forma alguma elementos **x** e **y** que simultaneamente satisfaçam as relações **x** < **y** e **y** < **x**, e **(ii)** se **x** < **y** e **y** < **z**, então **x** < **z** (isto é, < é transitiva). Se, reciprocamente, < é uma relação em **X** satisfazendo **(i)** e **(ii)**, e se **x** $\leq$ **y** é definida para significar **x** < **y** ou **x** = **y**, então $\leq$ é uma ordem parcial em **X**.

A ligação entre $\leq$ e < pode ser generalizada para relações arbitrárias. Isto é, dada uma relação qualquer **R** em um conjunto **X**, podemos definir uma relação **S** em **X** escrevendo **xSy** no caso em que **xRy** mas **x** $\neq$ **y**, e, vice-versa, dada uma relação **S** podemos definir uma relação **R** em **X** escrevendo **xRy** no caso de **xSy** ou **x** = **y**. Para se dispor de um modo abreviado de se referir à passagem de **R** para **S** e à volta, de **S** para **R** diremos que **S** é uma relação ***ESTRITA*** correspondente à **R**, e **R** é uma relação ***FRACA*** correspondente a **S**. Diremos que uma relação em um conjunto **X** "ordena parcialmente **X**" no caso de ela ser uma ordem parcial em **X** ou então o é a correspondente relação fraca.

Se **X** é um conjunto parcialmente ordenado, e se **a** $\in$ **X**, o conjunto **{x** $\in$ **X : x** < **a}** é o ***SEGMENTO INICIAL*** determinado por **a**; usualmente o denotaremos por **s(a)**. O conjunto **{x** $\in$ **X : x** $\leq$ **a}** é um ***SEGMENTO INICIAL FRACO*** determinado por **a**, e o denotaremos por $\bar{s}$**(a)**. Quando for importante enfatizar a distinção entre os segmentos iniciais e segmentos iniciais fracos, os primeiros serão denominados segmentos iniciais ***ESTRITOS***. Em termos gerais "**estrito** e **fraco**" referem-se a < e ≤ respectivamente. Assim, por exemplo, o segmento inicial determinado por **a** pode ser descrito como o conjunto de todos os antecessores de **a**, ou, enfatizando, como o conjunto de todos os ***ANTECESSORES ESTRITOS*** de **a**; analogamente o segmento inicial fraco determinado por **a** consiste de todos os ***ANTECESSORES FRACOS*** de **a**. Se **x** ≤ **y** e **y** ≤ **z**, podemos dizer que **y** está entre **x** e **z**; se **x** < **y** e **y** < **z**, então **y** está ***ESTRITAMENTE ENTRE*** **x** e **z**. Se **x** < **y** e não há nenhum elemento estritamente entre **x** e **y**, dizemos que **x** é um ***ANTECESSOR IMEDIATO*** de **y**, ou **y** é um **SUCESSOR IMEDIATO** de **x**.

Se **X** é um conjunto parcialmente ordenado (o qual pode, em particular, ser totalmente ordenado), então poderia acontecer que **X** possui um elemento **a** tal que **a** ≤ **x** para todo **x** em **X**. Neste caso dizemos que **a** é o mínimo ***(O MENOR, O PRIMEIRO)*** elemento de **X**. A anti-simetria de uma ordem implica que se **X** possui o elemento mínimo, então ele é único. Se, analogamente, **X** possui um elemento **a** tal que **x** ≤ **a** para todo elemento **x** em **X**, então **a** é o ***MÁXIMO (O MAIOR, O ÚLTIMO)*** elemento de **X**; este também é único (se, afinal de contas, existir). O conjunto ω de todos os números naturais (com a sua usual ordenação natural, isto é, por valores) é exemplo de um conjunto parcialmente ordenado com um primeiro elemento (a saber **0**) mas nenhum como o último. Este mesmo conjunto, mas desta vez com a ordenação inversa, possui o último mas não o primeiro elemento.

Em conjuntos parcialmente ordenados surge uma distinção importante entre elementos menores e elementos minimais. Se, como antes, **X** é um conjunto parcialmente ordenado, um elemento **a** de **X** é dito um elemento ***MINIMAL*** de **X** no caso de não existir nenhum elemento em **X** estritamente menor do que **a**. De modo equivalente, **a** é um minimal se **x** $\leq$ **a** implica que **x** = **a**. Para se ter um exemplo, considere a coleção $\mathcal{C}$ de subconjuntos não-vazios de um conjunto **X** não-vazio, com a ordenação feita pela relação de inclusão. Cada singleto é um elemento minimal de $\mathcal{C}$, mas, obviamente $\mathcal{C}$ não tem nenhum menor elemento (a menos que o próprio **X** seja um singleto). Similarmente fazemos distinção entre elementos maiores e os elementos maximais; um elemento ***MAXIMAL*** de **X** é um elemento **a** tal que **X** não contém nada estritamente maior do que **a**. Dizendo de modo equivalente, **a** é maximal se **a** $\leq$ **x** implica que **x** = **a**.

Um elemento **a** de um conjunto parcialmente ordenado, é dito ser uma ***COTA INFERIOR*** de um subconjunto **E** de **X** no caso em que **a** $\leq$ **x** para todo **x** em **E**; mesmo modo **a** é uma ***COTA SUPERIOR*** de **E** no caso em que **x** $\leq$ **a** para todo **x** em **E**. Um conjunto **E** pode não ter absolutamente elementos que sejam cotas inferiores ou cotas superiores, ou pode ter muitos; neste último caso pode acontecer que nenhum desses elementos pertençam a **E**. (Exemplos?). Seja $\mathbf{E}_*$ o conjunto de todas as cotas inferiores de **E** em **X**. Seja $\mathbf{E}^*$ o conjunto de todas as cotas superiores de **E** em **X**. O que foi precisamente dito é que $\mathbf{E}_*$ pode ser vazio, ou então $\mathbf{E}_* \cap \mathbf{E}$ pode ser vazio. Se $\mathbf{E}_* \cap \mathbf{E}$, não é vazio, então é um singleto consistindo de um único e o menor elemento de **E**. Naturalmente observações análogas de aplicam a $\mathbf{E}^*$. Se acontecer do conjunto $\mathbf{E}_*$ possuir um maior elemento **a** (necessariamente único), então **a** é denominado a ***MAIOR COTA INFERIOR*** ou o ***ÍNFIMO*** de **E**. As abreviações **m. c. i.** e **iNF** são de uso comum. Usaremos a última notação por ser mais conveniente. Assim **inf E** é o único elemento em **X** (possivelmente não em **E**) que é uma cota inferior de **E** e que domina (isto é, é maior que) todo qualquer outra cota de **E**. As definições no outro extremo têm exatamente as mesmas explicações. Se $\mathbf{E}^*$ tem um menor elemento

a (necessariamente único), então **a** é denominado ***MENOR COTA SUPERIOR*** **(m. c. s.)** ou ***SUPREMO*** **(SUP)** de **E**.

As idéias que dizem respeito a conjuntos parcialmente ordenados são fáceis de serem descritas mas tomam certo tempo para serem assimiladas. Recomenda-se ao leitor elaborar muitos exemplos que ilustrem as várias possibilidades no comportamento de conjuntos parcialmente ordenados e seus subconjuntos. Para ajudar o leitor neste arrojado empreendimento, vamos descrever três especiais conjuntos parcialmente ordenados com algumas propriedades divertidas **(i)** O conjunto $\omega \times \omega$. Para evitar uma possível confusão, denotaremos a ordem que vamos usar pelo símbolo neutro **R**. Se **(a, b)** e **(x, y)** são pares ordenados de números naturais, então **(a, b) R (x, y)** significa, por definição, que $(2a + 1) \cdot 2^y \leq (2x + 1) \cdot 2^b$. (Aqui, o sinal de desigualdade refere-se à habitual ordenação dos números naturais). O leitor propenso a não ignorar as frações reconhecerá logo, exceto pela notação, que acabamos de definir a ordem usual para $\frac{2a+1}{2^b}$ e $\frac{2x+1}{2^y}$. **(ii)** O conjunto é novamente o $\omega \times \omega$. Uma vez mais usamos um símbolo neutro para a ordem; digamos **S**. Se **(a, b)** e **(x, y)** são pares ordenados de números naturais, então **(a, b) S (x, y)** significa, por definição, que **a** é estritamente menor do que **x** (no sentido habitual), ou ainda $a = x$ e $b \leq y$. Por causa de sua semelhança com o modo de como as palavras são dispostas em um dicionário, este procedimento é chamado de ordem ***LEXICOGRÁFICA*** de $\omega \times \omega$. **(iii)** Uma vez mais o conjunto é $\omega \times \omega$. A relação de ordem presente, digamos **T**, é tal que **(a, b) T (x, y)** significa, por definição, que $a \leq x$ e $b \leq y$.

Seção 15

O axioma da escolha

Para resultados mais profundos a respeito de conjuntos parcialmente ordenados precisamos de uma nova ferramenta da teoria dos conjuntos; interrompemos o desenvolvimento da teoria da ordem o bastante para lançarmos mão desta ferramenta.

Começamos por observar que um conjunto é ou não-vazio, e, se não for, então por definição de conjunto vazio, há nele um elemento. Esta observação pode ser generalizada. Se X e Y são conjuntos, e se um deles é vazio, então o produto cartesiano $X \times Y$ é vazio. Se nem X ou Y são vazio, então existe um elemento x em X, e há também um elemento y em Y; segue-se que o par ordenado (x, y) pertence ao produto cartesiano $X \times Y$, de modo que $X \times Y$ não é vazio. As observações precedentes constituem os casos $n = 1$ e $n = 2$ da seguinte afirmação: se $\{X_i\}$ é uma seqüência finita de conjuntos, para **i** em **n**, digamos, então uma condição necessária e suficiente para que seu produto cartesiano seja nulo é pelo menos um deles ser vazio. A afirmação é fácil de se provar por indução sobre **n**. (O caso **n = 0** conduz a um argumento escorregadio a respeito da função vazia; o leitor desinteressado pode começar sua indução com **1** em vez de **0**).

A generalização para famílias infinitas da parte não trivial da afirmação do parágrafo anterior (a que se refere à condição de necessidade) é o seguinte princípio importante da teoria dos conjuntos.

Axioma da Escolha. O produto cartesiano de uma família não vazia de conjuntos não vazios é não-vazio.

Em outras palavras: se $\{X_i\}$ é uma família de conjuntos não-vazios indexada por um conjunto **I** não-vazio, então existe uma família $\{x_i\}$, $i \in I$, tal que $x_i \in X$ para cada **i** em **I**.

Suponha que $\mathcal{C}$ é uma coleção não-vazia de conjuntos não-vazios. Podemos considerar $\mathcal{C}$ como uma família, ou melhor, podemos converter $\mathcal{C}$, em um conjunto indexado, bastando tomar a própria coleção $\mathcal{C}$ no papel de um conjunto de índices e usar a transformação identidade sobre $\mathcal{C}$ no papel de indexador. O axioma da escolha então diz que o produto cartesiano de conjuntos de $\mathcal{C}$ possui pelo menos um elemento. Um elemento de um tal produto cartesiano é, por definição, uma função (uma família, um conjunto indexado) cujo domínio é o conjunto de índices (neste caso $\mathcal{C}$) e cujo valor em cada índice pertence ao conjunto que corresponde ao índice da vez. Conclusão: existe uma função **f** com domínio $\mathcal{C}$ tal que se $A \in \mathcal{C}$, então $f(A) \in A$. Esta conclusão aplica-se, em particular, no caso de $\mathcal{C}$

ser a coleção de todos os subconjuntos não-vazios de um conjunto não-vazio **X**. A afirmação neste caso é que existe uma função **f** com domínio $\mathcal{P}$**(X) – {∅}** tal que se **A** está naquele domínio, então **f(A)** ∈ **A**. Em linguagem intuitiva a função **f** pode ser descrita como uma escolha simultânea de um elemento de cada um dos muitos conjuntos; esta é a razão que dá nome ao axioma. (Uma função que neste sentido "**escolhe**" um elemento de cada subconjunto não-vazio de um conjunto **X** é denominada uma ***FUNÇÃO ESCOLHA*** para **X**). Vimos que se a coleção de conjuntos que estamos escolhendo é finita, então a possibilidade da escolha simultânea é conseqüência natural do que sabemos, antes mesmo do axioma da escolha ter sido estabelecido; papel do axioma é garantir aquela possibilidade nos casos infinitos.

As duas conseqüências do axioma da escolha vistas no parágrafo precedente (uma para o conjunto potência e a outra para coleções mais gerais de conjuntos) são, na verdade, meras reformulações daquele axioma. É costume ser considerado importante, examinar, para cada conseqüência do axioma da escolha, até que ponto o axioma é necessário na prova da conseqüência. Uma prova alternativa sem o axioma da escolha merece o nome de vitória; uma prova inversa, mostrando que a conseqüência é equivalente ao axioma da escolha (na presença dos demais axiomas da teoria dos conjuntos) significaria uma honrosa derrota. Qualquer situação intermediária seria considerada exasperadora.

Como um exemplo (e um exercício) mencionamos a afirmação que toda relação inclui uma função com o mesmo domínio. Outro exemplo: se $\mathcal{C}$ é uma coleção de conjuntos não-vazios, dois a dois disjuntos, então existe um conjunto **A** tal que **A** ∩ **C** é um singleto para cada **C** em $\mathcal{C}$. Estas duas afirmações estão entre as muitas conhecidas afirmações equivalentes ao axioma da escolha.

Como uma ilustração do emprego do axioma da escolha, considere a afirmação que se um conjunto é infinito, então ele tem um subconjunto equivalente a ω. Um raciocínio informal transcorreria como se segue. Se **X** é infinito, então, em particular, não é vazio (isto é, não é equivalente a **0**); portanto possui um elemento, digamos $\mathbf{x_0}$. Desde que **X** não é equivalente a **1**, o conjunto $\mathbf{X - \{x_0\}}$ não é vazio; sendo asssim possui um elemento, $\mathbf{x_1}$. Repete-se este raciocínio **"ad infinitum"**; o próximo passo, por exemplo, é dizer que $\mathbf{X - \{x_0, x_1\}}$ não é vazio, e, portanto, tem um elemento, digamos $\mathbf{x_2}$. O resultado é uma seqüência infinita $\mathbf{\{X_n\}}$ de distintos elementos de **X**; **q.e.d.*** Este esboço de uma prova tem pelo menos a virtude de ser honesto no que diz respeito à idéia mais importante por trás de si; o ato de escolher um elemento de um conjunto não-vazio foi repetido várias vezes, infinitamente. O matemático experiente nas peculiaridades do axioma da escolha muitas vezes seguirá um idêntico raciocínio informal; a sua experiência torna-o capaz de ver logo como transformar o esboço numa prova rigorosa. Para nossos propósitos é recomendável uma olhada demorada.

Seja **f** uma função escolha para **X**; a saber, **f** é uma função da coleção de todos os conjuntos não-vazios de **X** para **X** tal que $\mathbf{f(A)} \in \mathbf{A}$ para todo **A** no domínio de **f**. Seja $\mathcal{C}$ a coleção de todos os subconjuntos finitos de **X**.

Desde que **X** é infinito, segue-se que se $\mathbf{A} \in \mathcal{C}$, então $\mathbf{X - A}$ não é vazio, e portanto é certo que $\mathbf{X - A}$ pertence ao domínio de **f**. Define-se uma função **g** de $\mathcal{C}$ para $\mathcal{C}$ escrevendo $\mathbf{g(A) = A \cup \{f(X - A)\}}$. Em palavras: **g(A)** é obtida juntando-se a **A** o elemento que **f** seleciona

* **"Quod erat demonstrandum"**, *expressão latina: como queríamos demonstrar.* ***N. T.***

de **X** - **A**. Aplicamos o axioma de recorrência à função **g**; podemos, começar a corrida por exemplo, com o conjunto ∅. O resultado é que pelo axioma existe a função **U** de ω em C tal que ∪**(0)** = ∅ e **U(n⁺)** = **U(n)** ∪ **{f(X – U(n)}** para cada número natural **n**. Afirmação: se **v(n)** = **f(X – U(n))**, então **v** é uma correspondência um-a-um de ω para **X**, e portanto, de fato, ω é equivalente a algum subconjunto de **X** (a saber **a** imagem de **v**). Para provar a afirmativa, façamos uma série de observações elementares; suas provas são conseqüências facilmente obtidas das definições. Primeiro: **v(n)** ∈' **U(n)** para todo **n**. Segundo: **v(n)** ∈ **U(n⁺)** para todo **n**. Terceiro: se **n** e **m** são números naturais e **n** ≤ **m**, então **U(n)** ⊂ **U(m)**. Quarto: se **n** e **m** são números naturais e **n** < **m**, então **v(n)** ≠ **v(m)**). (Motivo: **v(n)** ∈ **U(m)** mas **v(m)** ∈' **U(m)**).A última observação implica que **v** aplica números naturais distintos em distintos elementos de **X**; tudo que temos a lembrar é que para dois números naturais distintos um deles é estritamente menor que o outro.

A prova está completa; sabemos agora que todo conjunto infinito possui um subconjunto equivalente a ω. Este resultado, provado aqui não tanto pelo seu interesse intrínsico mas sim por ser um exemplo do uso apropriado do axioma da escolha, possui um corolário interessante. Um conjunto é infinito se e somente for equivalente a subconjunto próprio de si mesmo.* O "**se**" já conhecemos o seu alcançe; diz meramente que um conjunto finito não pode ser equvalente a um de seus subconjuntos próprios. Para provar o "**somente se**", suponha que **X** é infinito, e seja **v** uma correspondência um-a-um de ω para **X**.

Se **x** estiver na imagem de **v**, digamos **x** = **v(n)**, escreve-se **h(x)** = **v(n⁺)**; se não pertencer à imagem de **v**, escreve-se **h(x)** = **x**. É fácil

---

* *O conjunto de números naturais possui como subconjunto próprio a totalidade dos números pares que lhe é equivalente. **N. T.***

verificar que **h** é uma correspondência um-a-um de **X** em si mesmo. Desde que a imagem de **h** é um subconjunto próprio de **X** (**h** não contém **v(0)**), a prova do corolário está completa. A afirmação do corolário foi usada por **Dedekind** como a própria definição da infinitude.

Seção 16

Lema de Zorn

Um teorema de existência afirma a existência de um objeto pertencendo a um certo conjunto e possuindo determinadas propriedades. Muitos teoremas de existência podem ser formulados (ou, se necessário for, reformulados) de tal modo que o conjunto subjacente é um conjunto parcialmente ordenado e a propriedade crucial é a maximização. Nosso próximo propósito é estabelecer e provar o mais importante teorema desta natureza.

Lema de Zorn. Se **X** é um conjunto parcialmente ordenado tal que para toda cadeia em **X** há uma cota superior, então **X** contém um elemento maximal.

Discussão. Relembre que uma cadeia é um conjunto totalmente ordenado. Por uma cadeia **"em X"** queremos dizer um subconjunto de **X** tal que o subconjunto, considerado como parcialmente ordenado com seus recursos próprios, passa a ser totalmente ordenado. Se **A** é uma cadeia em **X**, a hipótese do ***lema de Zorn*** garante a existência da cota superior para **A** em **X**; não garante a existência de uma cota superior para **A** em **A**. A conclusão do lema de Zorn é a existência de um elemento **a** em **X** com a propriedade que se $\mathbf{a} \leq \mathbf{x}$, então necessariamente $\mathbf{a} = \mathbf{x}$.

A idéia básica para a prova é análoga a que usamos em nossa discussão anterior sobre conjuntos infinitos. Desde que, por hipótese, **X** não é vazio, ele possui um elemento, seja $\mathbf{x}_0$ esse elemento. Se $\mathbf{x}_0$ é maximal pare aqui. Se não for, então existe um elemento, digamos $\mathbf{x}_1$ estritamente maior do que $\mathbf{x}_0$. Se $\mathbf{x}_1$ é um maximal, pare aqui; se não for continue. Repita este raciocínio **"ad infinitum"**; ao fim ele deve conduzir ao elemento maximal.

A última sentença é provavelmente a menos convincente parte do argumento; ela esconde uma infinidade de dificuldades. Observe, por exemplo, a seguinte possibilidade. Poderia acontecer que o raciocínio, repetido **"ad infinitum"**, conduzisse a uma seqüência inteira de elementos não-maximais; o que vamos fazer neste caso? A resposta é que a imagem de tal seqüência infinita é uma cadeia em **X**, e, conseqüentemente, tem uma cota superior; a coisa a fazer é reiniciar todo raciocínio outra vez, começando com aquela cota superior. Exatamente quando e como tudo isto chega a um fim é obscuro, para dizer o mínimo. Não há como sair da dificuldade; devemos buscar a prova certa. A estrutura da prova é uma adaptação de uma originalmente apresentada por **Zermelo**.

<u>**Prova**</u>. O primeiro passo é substituir a ordenação parcial abstrata pela ordem de inclusão em uma adequada coleção de conjuntos. Mais precisamente, vamos considerar, para cada elemento **x** em **X**, o segmento inicial fraco $\bar{\mathbf{s}}(\mathbf{x})$ formado por **x** e todos os seus antecessores. A imagem $\mathcal{S}$ da função $\bar{\mathbf{s}}$ (de **X** para $\mathcal{P}(\mathbf{X})$) é uma certa coleção de subconjuntos de **X**, os quais podemos, naturalmente, supor como (parcialmente) ordenados pela relação de inclusão. A função $\bar{\mathbf{s}}$ é um-a-um, e uma condição necessária e suficiente para $\bar{\mathbf{s}}(\mathbf{x}) \subset \bar{\mathbf{s}}(\mathbf{y})$ é que $\mathbf{x} \leq \mathbf{y}$. À vista disto, a tarefa de encontrar um elemento maximal em **X** é a mesma de achar um conjunto maximal em $\mathcal{S}$. A hipótese a respeito de cadeias em **X** implica (é, de fato, equivalente) à correspondente proposição relativa a cadeias em $\mathcal{S}$.

Seja χ o conjunto de todas as cadeias em **X**; todo membro de χ está contido em $\bar{\mathbf{s}}(\mathbf{x})$ para algum **x** em **X**. A coleção χ é uma coleção não-vazia de conjuntos, parcialmente ordenados pela relação de inclusão, e tal que se $\mathcal{C}$ é uma cadeia em χ, então a união dos conjuntos em $\mathcal{C}$ (isto é, $\cup_{\mathbf{A} \in \mathcal{C}} \mathbf{A}$) pertence a **X**. Desde que cada conjunto em χ é dominado por algum conjunto em $\mathcal{S}$, a passagem de $\mathcal{S}$ para χ não pode introduzir qualquer novo conjunto de elementos maximais. Uma vantagem da coleção χ é a ligeiramente mais específica forma que a hipótese da cadeia assume; em vez de se dizer que cada cadeia $\mathcal{C}$ possui algum limite superior em $\mathcal{S}$, podemos dizer explicitamente que a união dos conjuntos de $\mathcal{C}$, a qual é claramente uma cota superior de $\mathcal{C}$, é um elemento da coleção **X**. Outra vantagem técnica de χ é que ele contém todos os subconjuntos de cada um de seus conjuntos; isto torna possível aumentar os não-maximais conjuntos em χ, gradativamente, um elemento por vez.

Agora podemos esquecer tudo que se refira à dada ordem parcial em **X**. No que se segue, vamos considerar uma coleção não-vazia χ de subconjuntos de um não-vazio conjunto **X**, sujeito a duas condições:

todo subconjunto de cada conjunto em χ está em χ, e a união de cada cadeia de conjuntos em χ está em χ. Note que a primeira condição implica que $\varnothing \in \chi$. Nossa tarefa é provar que existe em χ um conjunto maximal.

Seja **f** a função escolha para **X**, isto é, **f** é uma função da coleção de todos os subconjuntos não-vazios de **X** para **X** tal que **f(A)** $\in$ **A** para todo **A** no domínio de **f**. Para cada conjunto **A** em χ, seja $\hat{\mathbf{A}}$ o conjunto de todos aqueles elementos **x** de **X** o qual unido a A gera um conjunto em χ; em outras palavras, $\hat{\mathbf{A}} = \{\mathbf{x} \in \mathbf{X}\colon \mathbf{A} \cup \{\mathbf{x}\} \in \chi\}$. Define-se uma função **g** de χ para χ como segue: se $\hat{\mathbf{A}} - \mathbf{A} \neq \varnothing$, então $\mathbf{g(A)} = \mathbf{A} \cup \{\mathbf{f}(\hat{\mathbf{A}} - \mathbf{A})\}$; se $\hat{\mathbf{A}} - \mathbf{A} = \varnothing$, então $\mathbf{g(A)} = \mathbf{A}$. Segue-se da definição de $\hat{\mathbf{A}}$ que $\hat{\mathbf{A}} - \mathbf{A} = \varnothing$ se e somente se A é um conjunto maximal. Nestes termos, portanto, o que devemos provar é que existe em χ um conjunto A tal que **g(A) = A**. Resulta assim que a propriedade crucial de **g** é o fato que **g(A)** (que sempre inclui **A**) contém no máximo um elemento a mais do que A.

Agora para facilitar a exposição, vamos introduzir uma definição provisória. Diremos que uma subcoleção $\mathcal{J}$ de χ é uma ***TORRE*** se:

(i) $\varnothing \in \mathcal{J}$,

(ii) se A $\in \mathcal{J}$, **então g(A)** $\in \mathcal{J}$,

(iii) se C é uma cadeia em $\mathcal{J}$, **então** $\bigcup_{A \in C} \mathbf{A} \in \mathcal{J}$.

Torres certamente existem; a coleção inteira χ é uma. Desde que a interseção de uma coleção de torres é ela própria uma torre, segue-se, em particular, que se $\mathcal{J}_0$ é a interseção de todas as torres, sendo que $\mathcal{J}_0$ é a menor torre. Nosso propósito imediato é provar que a torre $\mathcal{J}_0$ é uma cadeia.

Digamos que um conjunto $\mathcal{C}$ em $\mathcal{J}_0$ é ***COMPARÁVEL*** se for comparável com cada conjunto em $\mathcal{J}_0$; isto significa que se **A** $\in \mathcal{J}_0$, então **A** $\subset \mathcal{C}$ ou **C** $\subset$ **A**. Para dizer que $\mathcal{J}_0$ é uma cadeia significa que todos os conjuntos $\mathcal{J}_0$ são comparáveis. Conjuntos comparáveis certamente existem; $\varnothing$ é um deles. Nos próximos dcis parágrafos vamos concentrar nossa atenção sobre um arbitrário e, provisoriamente fixado, conjunto $\mathcal{C}$.

Suponha que **A** $\in \mathcal{J}_0$ e seja ainda **A** um subconjunto próprio de **C**. Afirmação: **g(A)** $\subset$ **C**. Uma vez que **C** é comparável então **g(A)** $\subset$ **C** ou **C** é um subconjunto próprio de **g(A)**. Neste último caso **A** é um subconjunto próprio de um subconjunto próprio de **g(A)**, e isto contradiz o fato que **g(A)** – **A** não pode ser mais do que um singleto.

A seguir considere a coleção $\mathcal{U}$ de todos os conjuntos A em $\mathcal{J}_0$ para os quais **A** $\subset$ **C** ou **g(C)** $\subset$ **A**. A coleção $\mathcal{U}$ é de algum modo menor do que a coleção de conjuntos em $\mathcal{J}_0$ comparáveis com **g(C)**; na verdade se **A** $\in \mathcal{U}$, então desde **C** $\subset$ **g(C)**, **A** $\subset$ **g(C)** ou **g(C)** $\subset$ **A**. Afirmação: $\mathcal{U}$ é uma torre. Uma vez que $\varnothing \subset$ **C**, a primeira condição sobre torres é satisfeita. Para provar a segunda condição, ou·seja, dado que **A** $\in \mathcal{U}$, então **g(A)** $\in \mathcal{U}$, desdobra-se a discussão em três casos. Primeiro: **A** é um subconjunto próprio de **C**. Então **g(A)** $\subset$ **C** pelo parágrafo precedente, e, portanto **g(A)** $\in \mathcal{U}$. Segundo: **A** = **C**. Então **g(A)** = **g(C)**, de modo que **g(C)** $\subset$ **g(A)**, e portanto **g(A)** $\in \mathcal{U}$. Terceiro: **g(C)** $\subset$ **A**. Então **g(C)** $\subset$ **A**, e, portanto, **g(A)** $\in \mathcal{U}$. A terceira condição sobre torres, isto é, que a união de uma cadeia em $\mathcal{U}$ pertence a $\mathcal{U}$, é imediato da definição de $\mathcal{U}$. Conclusão: $\mathcal{U}$ é uma torre contida em $\mathcal{J}_0$, e uma vez que $\mathcal{J}_0$ é a menor torre, segue-se que $\mathcal{U} = \mathcal{J}_0$.

As considerações precedentes implicam que para cada conjunto comparável **C** o conjunto **g(C)** é também comparável. Explicação:

dado **C**, forma-se $\mathcal{U}$ como feito acima; o fato que $\mathcal{U} = \mathcal{J}_0$ significa que se **A** $\in \mathcal{J}_0$, então **A** $\subset$ **C** (em tal caso **A** $\subset$ **g(C)**) ou **g(C)** $\subset$ **A**.

Sabemos agora que $\varnothing$ é comparável e que **g** leva conjuntos comparáveis sobre conjuntos comparáveis. Uma vez que a união de uma cadeia de conjuntos comparáveis é comparável, segue-se que os conjuntos comparáveis (em $\mathcal{J}_0$) constituem uma torre, e assim, fica mostrado que eles esgotam $\mathcal{J}_0$; isto é, tínhamos proposto para provar no que diz respeito a $\mathcal{J}_0$.

Dado que $\mathcal{J}_0$ é uma cadeia, a união, digamos **A**, de todos os conjuntos em $\mathcal{J}_0$ é por si mesmo um conjunto em $\mathcal{J}_0$. Uma vez que a união reune todos os conjuntos em $\mathcal{J}_0$, segue-se que **g(A)** $\subset$ **A**. Dado que sempre **A** $\subset$ **g(A)**, segue-se que **A** = **g(A)**, e a prova do lema de Zorn está completa.

<u>**Exercício**</u>. O lema de Zorn é equivalente ao axioma da escolha. [Sugestão para a prova: dado um conjunto **X**, considere funções **f** tais que **dom f** $\subset \mathcal{P}$**(X)**, imagem **f** $\subset$ **X, e f(A)** $\in$ **A** para todo **A** no **dom f**; ordene estas funções por extensão, use o lema de Zorn para encontrar uma maximal entre elas, e prove que se **f** é maximal, então **dom f** = $\mathcal{P}$**(X)** – {$\varnothing$}]. Considere cada uma das proposições seguintes e demonstre que elas também são equivalentes ao axioma da escolha. **(i)** Cada conjunto parcialmente ordenado tem uma cadeia maximal (isto é, uma cadeia que não é subconjunto próprio de qualquer uma das outras cadeias). **(ii)** Cada cadeia em um conjunto parcialmente ordenado está contida em alguma cadeia maximal. **(iii)** Todo conjunto parcialmente ordenado no qual cada cadeia tem pelo menos uma cota superior, possui um elemento maximal.

Seção 17

Boa ordenação

Um conjunto parcialmente ordenado pode não possuir um menor elemento, e, mesmo que o tenha, é perfeitamente possível que algum subconjunto não o tenha. Um conjunto parcialmente ordenado é dito ***BEM ORDENADO*** (e sua ordem é chamada ***BOA ORDENAÇÃO***) se todo subconjunto não-vazio desse conjunto possuir um menor elemento. Uma conseqüência dessa definição, que merece ser mencionada antes mesmo de procurarmos exemplos e contraexemplos, é que todo conjunto bem ordenado é totalmente ordenado. Na verdade, se $\mathbf{x}$ e $\mathbf{y}$ são elementos de um conjunto bem ordenado, então $\{\mathbf{x}, \mathbf{y}\}$ é um subconjunto não-vazio daquele conjunto bem ordenado e, portanto, possui um primeiro elemento; de acordo com o fato se $\mathbf{x}$ ou $\mathbf{y}$ é o primeiro elemento, temos $\mathbf{x} \leq \mathbf{y}$ ou $\mathbf{y} \leq \mathbf{x}$.

Para cada número natural **n**, o conjunto de todos os antecessores de **n** (ou seja, de acordo com nossas definições, o conjunto **n**) é um conjunto bem ordenado (ordenado por grandeza), e o mesmo é verdade para o conjunto ω de todos números naturais. O conjunto $\omega \times \omega$, com **(a, b) ≤ (x, y)** definidos por $(2a + 1)\, 2^y \leq (2x + 1)\, 2^b$ não é bem ordenado. Para ver isto basta notar que **(a, b + 1) ≤ (a, b)** para todo **a** e **b**; segue-se que todo o conjunto $\omega \times \omega$ não possui nenhum menor elemento. Alguns subconjuntos de $\omega \times \omega$ devem ter um menor elemento. Considere, por exemplo, o conjunto **E** de todos os pares **(a, b)** para os quais **(1, 1) ≤ (a, b)**; o conjunto E tem **(1, 1)** para seu menor elemento. Cuidado: E, considerado em si mesmo como um conjunto parcialmente ordenado, ainda não é bem ordenado. A dificuldade é que mesmo **E** tendo um menor elemento, muitos subconjuntos de **E** falham em não possuirem um menor elemento; por exemplo considere o conjunto de todos os pares **(a, b)** em **E** para os quais **(a, b) ≠ (1, 1)**. Mais um exemplo: $\omega \times \omega$ é bem ordenado pela sua ordenação lexicográfica.

Um dos mais interessantes fatos a respeito dos conjuntos bem ordenados e que podemos provar coisas sobre seus elementos por um processo semelhante ao da indução matemática. Dizendo mais precisamente, suponha que **S** é um subconjunto de um conjunto bem ordenado **X**, e suponha ainda que qualquer que seja o um elemento **x** de **X** é tal que o inteiro segmento inicial **s(x)** está contido em **S**, então o próprio **x** pertence a **S**; ***O PRINCÍPIO DE INDUÇÃO TRANSFINITA*** assegura que sob aquelas circustâncias devemos ter **S = X**. De modo equivalente: se a presença em um conjunto de todos os elementos estritamente antecessores de um elemento acarreta a presença deste último elemento, então o conjunto deve conter tudo.

Umas poucas observações fazem-se necessárias antes de buscarmos a prova. A proposição do princípio da indução matemática difere em dois aspectos notáveis do da indução transfinita. Um: o último, em vez de incidir em cada elemento a partir do antecessor deste, incide em cada elemento do conjunto a partir de todos os seus antecessores. Dois: no último não há nenhuma afirmação a respeito do elemento inicial (como o zero). A primeira diferença é importante: um elemento em um conjunto bem ordenado pode deixar de ter um antecessor imediato. A presente afirmação quando aplicada a ω é facilmente provada ser equivalente ao princípio da indução matemática; este princípio, todavia, quando aplicado a um arbitrário conjunto bem ordenado, não é equivalente ao princípio da indução transfinita. Colocando o que acabamos de dizer de modo diferente: as duas afirmações em geral não são equivalentes uma a outra; sua equivalência (das duas afirmações) em ω é uma feliz circustância especial.

Aqui está um exemplo. Seja **X** igual a ω^+, a saber, $\mathbf{X} = \omega \cup \{\omega\}$. Define-se uma ordem em **X** ordenando os elementos de ω do modo usual e pedindo que $\mathbf{n} < \omega$ para todo **n** em ω. O resultado é um conjunto bem ordenado. Pergunta: existe um subconjunto próprio **S** de **X** tal que $\mathbf{0} \in \mathbf{S}$ e mais que $\mathbf{n + 1} \in \mathbf{S}$ sempre que $\mathbf{n} \in \mathbf{S}$? Resposta: sim, a saber $\mathbf{S} = \omega$.

A segunda diferença entre a indução matemática usual e a transfinita (a falta de qualquer exigência de um elemento inicial para esta última) é mais uma questão lingüística do que conceitual. Se $\mathbf{x_0}$ é o menor elemento de **X** então $\mathbf{s(x_0)}$ é um conjunto vazio, e, conseqüentemente, $\mathbf{s(x_0)} \subset \mathbf{S}$; a hipótese do princípio da indução transfinita exige portanto que $\mathbf{x_0}$ pertença a **S**.

A prova do princípio da indução transfinita quase é trivial. Se $\mathbf{X} - \mathbf{S}$ não é um conjunto vazio, então possui um menor elemento, digamos **x**. Isto acarreta que todo elemento do segmento inicial **s(x)** pertença a **S**, e portanto, pela hipótese da indução, **x** pertence a **S**. Isto é uma contradição (**x** não pode pertencer aos dois, a **S** e a **X** – **S**); a conclusão é que **X** – **S** é um conjunto vazio.

Diremos que um conjunto **A** bem ordenado é uma ***CONTINUAÇÃO*** de um bem ordenado conjunto **B**, se, em primeiro lugar, **B** é um subconjunto de **A**, se, de fato, **B** é um segmento inicial de **A**, e se, finalmente, a ordenação dos elementos em **B** é a mesma de **A**. Assim se **X** é um conjunto bem ordenado e se **a** e **b** são elementos de **X** com **b** < **a**, então **s(a)** é uma continuação de **s(b)**, e, naturalmente **X** é uma continuação de ambos **s(a)** e **s(b)**.

Se $\mathcal{C}$ é uma coleção arbitrária de segmentos de um conjunto bem ordenado, então $\mathcal{C}$ é uma cadeia com respeito a continuação; isto significa que $\mathcal{C}$ é coleção de conjuntos bem ordenados com a propriedade de que para quaisquer dois membros distintos da coleção um é a continuação do outro. Uma espécie de recíproca deste comentário é também válida e freqüentemente útil. Se uma coleção $\mathcal{C}$ de conjuntos bem ordenados é uma cadeia com respeito à continuação, e se $\mathcal{U}$ é a união dos conjuntos de $\mathcal{C}$, então existe uma única e boa ordenação de $\mathcal{U}$ tal que $\mathcal{U}$ é a continuação de cada conjunto (distintos do próprio $\mathcal{U}$) na coleção $\mathcal{C}$. Falando grosseiramente, a união de uma cadeia de conjuntos bem ordenados é bem ordenada. Esta formulação abreviada é perigosa porque não explica o que ***"cadeia"*** significa com respeito à continuação. Se a ordenação implicada pela palavra ***"cadeia"*** é tomada como sendo simplesmente inclusão,(que preserva ordem) então a conclusão não é válida.

A prova é direta. Se **a** e **b** estão em $\mathcal{U}$, então existem conjuntos **A** e **B** em $\mathcal{C}$ com **a** $\in$ **A** e **b** $\in$ **B**. Desde que **A** = **B** ou um deles **A** ou **B** é a continuação do outro, segue-se que em cada caso, ambos **a** e **b** pertencem a algum conjunto em $\mathcal{C}$; a ordem de $\mathcal{U}$ é definida ordenando cada par **{a, b}** do modo que se estabeleceu em qualquer conjunto de $\mathcal{C}$ que contenha ambos **a** e **b**. Desde que $\mathcal{C}$ é uma cadeia, esta ordem é determinada sem qualquer ambigüidade. (Um caminho alternativo de definir a prometida ordem em $\mathcal{U}$ é relembrar que as dadas ordens, nos conjuntos de $\mathcal{C}$, são conjuntos de pares ordenados, e a seguir formar a união de todos aqueles conjuntos de pares ordenados).

Uma verificação direta mostra que a relação definida no parágrafo precedente é na verdade uma ordem, e que, além disso, sua construção nos foi forçada a cada passo (isto é, a ordem final é determinada de modo único pelas dadas ordens). A prova de que o resultado é de fato uma boa ordenação é igualmente direta. Cada conjunto não-vazio de $\mathcal{U}$ deve possuir uma interseção não-vazia com algum conjunto em $\mathcal{C}$, e assim deve ter um primeiro elemento naquele conjunto; o fato de $\mathcal{C}$ ser uma cadeia de continuação implica que aquele primeiro elemento é necessariamente também o primeiro de $\mathcal{U}$.

Exercício. Um subconjunto **A** de um conjunto parcialmente ordenado **X** é ***COFINAL*** em **X** no caso de para cada **x** de **X** existir um elemento **a** de **A** tal que **x** ≤ **a**. Prove que todo conjunto totalmente ordenado tem um subconjunto cofinal bem ordenado.

A importância da boa ordenação apoia-se no seguinte resultado, do qual podemos inferir, entre outras coisas, que o princípio da indução transfinita é muito mais largamente aplicável do que uma rápida casual olhada possa indicar.

Teorema da Boa Ordenação. Todo conjunto pode ser bem ordenado.

Discussão. Uma melhor (mas menos tradicional) proposição é esta: para cada conjunto **X**, existe uma boa ordenação com domínio **X**. Aviso: a boa ordenação não é obrigada a ter qualquer relação, seja ela de que natureza for, com qualquer outra estrutura que o conjunto já possua. Se, por exemplo, o leitor sabe de alguns conjuntos parcial ou totalmente ordenados cuja ordenação é definitivamente não bem ordenada, ele não pode concluir de imediato que tenha descoberto um paradoxo. A única conclusão a ser extraída é que alguns conjuntos podem ser ordenados de muitos modos, alguns dos quais são bem ordenados e outros não, e nós já sabíamos disto.

Prova. Aplicamos o lema de Zorn. Dado o conjunto **X**, considere a coleção $\mathcal{W}$ de todos os subconjuntos bem ordenados de **X**. Explicitamente: um elemento de $\mathcal{W}$ é um subconjunto **A** de **X** junto com uma boa ordenação de **A**. Ordenamos parcialmente $\mathcal{W}$ por continuação.

A coleção $\mathcal{W}$ não é vazia, porque, por exemplo, $\varnothing \in \mathcal{W}$. Se $\mathbf{X} \neq \varnothing$, menos elementos estranhos de $\mathcal{W}$ podem ser exibidos; um deles é $\{(\mathbf{x}, \mathbf{x})\}$, para um qualquer particular elemento **x** de **X**. Se $\mathcal{C}$ é uma cadeia em $\mathcal{W}$, então a união ***U*** dos conjuntos em $\mathcal{C}$ possui uma única boa ordenação que torna ***U*** ***"maior"*** que (ou igual a) cada conjunto em $\mathcal{C}$; isto é exatamente o que nossa precedente discussão sobre continuação estabeleceu. O que significa que a hipótese principal do lema de Zorn verificou-se; a conclusão a extrair e que existe um conjunto maximal bem ordenado, digamos $\mathcal{M}$, em $\mathcal{W}$. O conjunto $\mathcal{M}$ deve ser igual ao conjunto inteiro **X**. Explicação: se **x** é um elemento de **X** não em $\mathcal{M}$, então $\mathcal{M}$ pode ser ampliado colocando **x** depois de todos os elementos de $\mathcal{M}$. A formulação rigorosa desta não ambígua mas informal descrição é deixada como um exercício para o leitor. Com isto fora do caminho, a prova do teorema da boa ordenação está completa.

Exercício. Prove que um conjunto totalmente ordenado está bem ordenado se e somente se o conjunto dos antecessores estritos de cada elemento é bem ordenado. Uma tal condição aplica-se a conjuntos parcialmente ordenados? Prove que o teorema da boa ordenação implica o axioma da escolha (é portanto e equivalente a este axioma e ao lema de Zorn). Prove que se **R** é uma ordem parcial em um conjunto **X**, então existe uma ordem total **S** em **X** tal que **R** $\subset$ **S**; em outras palavras, toda ordem parcial pode ser extendida a uma ordem total sem aumentar o domínio.

Seção 18

Recursão transfinita

O processo de ***"definição por indução"*** possui um análogo transfinito. O usual teorema da recorrência constrói uma função sobre ω; a coisa mais básica é o modo de se obter o valor dessa função em cada elemento não nulo **n** de ω a partir do seu valor no elemento que precede **n**. O análogo transfinito constrói uma função sobre qualquer conjunto bem ordenado **W**. A matéria-prima é o modo de se obter o valor da função em cada elemento **a** de **W** a partir de seus valores em todos os antecessores de **a**.

Introduzimos alguns conceitos auxiliares para ser possível estabelecer concisamente o resultado. Se **a** é um elemento de um conjunto bem ordenado **W**, e se **X** é um conjunto arbitrário, então por uma ***SEQÜÊNCIA DE TIPO* a *EM X*** indicaremos uma função do segmento inicial de **a** em **W** sobre **X**. As seqüências de tipo **a**, para **a** em ω^+, são justamente o que chamamos antes de seqüências, finitas ou infinitas de acordo com as condições $\mathbf{a} < \omega$ ou $\mathbf{a} = \omega$. Se **U** é uma função de **W** para **X**, então a restrição de **U** ao segmento inicial **s(a)** de **a** é um exemplo de uma seqüência de tipo **a** para cada **a** em **W**; no que se segue achamos conveniente denotar esta seqüência por $\mathbf{U}^{\mathbf{a}}$ (em vez de **U|s(a)**).

Uma função ***SEQÜÊNCIA DE TIPO W EM X*** é uma função **f** cujo domínio consiste de todas as seqüências de tipo **a** em **X**, para todos os elementos **a** em **W**, e com os contradomínios contidos em **X**. Grosseiramente falando, uma função seqüência diz-nos como ***"encompridar"*** uma seqüência; dada uma seqüência que se encomprida até algum elemento de **W** (mas não o incluindo) podemos usar uma função seqüência para incidir sobre mais um termo.

<u>**Teorema da Recorrência Transfinita**</u>. Se **W** é um conjunto bem ordenado, e se **f** é uma função seqüência de tipo **W** em um conjunto **X**, então existe uma única função **U** de **W** para **X** tal que $\mathbf{U(a) = f(U^a)}$ para cada **a** em **W**.

<u>**Prova**</u>. A prova de unicidade é uma fácil indução transfinita. Para provar a existência, basta lembrar que uma função de **W** para **X** é uma certa espécie de subconjunto de $\mathbf{W} \times \mathbf{X}$; construiremos **U** explicitamente como um conjunto de pares ordenados. Chame um subconjunto **A** de $\mathbf{W} \times \mathbf{X}$ **f-** <u>**FECHADO**</u> se ele possuir a seguinte propriedade: sempre que $\mathbf{a} \in \mathbf{W}$ e **t** for uma seqüência de tipo **a** contida em **A** (ou seja, $\mathbf{(c, t(c))} \in \mathbf{A}$ para todo **c** no segmento inicial **s(a)**), então $\mathbf{(a, f(t))} \in \mathbf{A}$. Desde que $\mathbf{W} \times \mathbf{X}$ é, por si mesmo, f-fechado, tais conjuntos existem; seja **U** a interseção de todos eles. Uma vez que o próprio **U** é f-fechado, resta somente provar que **U** é

uma função. Vamos provar, em outras palavras, que para cada **c** em **W** existe no máximo um elemento **x** em **X** tal que **(c, x)** $\in$ **U**. (Explicitamente: se ambos **(c, x)** e **(c, y)** pertencem a **U**, então **x = y**). A prova é indutiva. Seja **S** o conjunto de todos os elementos **c** de **W** para os quais é de fato verdade que **(c, x)** $\in$ **U**, para no máximo um **x**. Provaremos que se **s(a)** $\subset$ **S**, então **a** $\in$ **S**.

Dizer que **s(a)** $\subset$ **S** significa que se **c < a** em **W**, então existe um único elemento **x** em **X** tal que **(c, x)** $\in$ **U**. A correspondência **c** $\rightarrow$ **x** sendo assim definida é uma seqüência de tipo **a**, digamos **t**, e **t** $\subset$ **U**. Se **a** não pertence a **S**, então **(a, y)** $\in$ **U** para algum **y** diferente de **f(t)**. Afirmação: o conjunto **U – {(a, y)}** é **f-fechado**. Isto significa que se **b** $\in$ **W** e se **r** é uma seqüência de tipo **b** contida em **U – {(a, y)}**, então **(b, f(r))** $\in$ **U – {(a, y)}**. De fato se **b = a**, então **r** deve ser **t** (pela afirmação de unicidade do teorema), e a razão do conjunto diminuído conter **(b, f(r))** é que **f(t)** $\neq$ **y**; se, por outro lado, **b** $\neq$ **a**, então a razão do conjunto diminuído conter **(b, f(r))** é que **U** é f-fechado (e **b** $\neq$ **a**). Isto contradiz o fato de **U** ser o menor conjunto f-fechado, e podemos, assim, concluir que **a** $\in$ **S**.

A prova da existência da afirmação do teorema da recorrência transfinita esta completa. Uma aplicação do teorema da recorrência transfinita é chamada de ***DEFINIÇÃO POR INDUÇÃO TRANSFINITA***.

Continuamos com uma importante parte da teoria da ordem que incidentalmente, servirá também como ilustração de como o teorema da recorrência transfinita é aplicado.

Dois conjuntos parcialmente ordenados (que, em particular, podem ser totalmente ou mesmo bem ordenados) são denominados ***SIMILARES*** se existir uma correspondência um-a-um preservando ordem entre eles. Mais explicitamente: para se afirmar que dois conjuntos **X** e **Y**, parcialmente ordenados, são similares (em símbolos **X** ≅ **Y**) é preciso que exista uma correspondência um-a-um, digamos **f**, de **X** sobre **Y**, tal que se **a** e **b** estão em **X**, então uma condição necessária e suficiente para **f(a)** ≤ **f(b)** (em **Y**) é que se tenha **a** ≤ **b** (em **X**). Uma correspondência tal como **f** é muitas vezes chamada ***SIMILARIDADE***.

<u>**Exercício**</u>. Prove que uma similaridade preserva < (do mesmo modo que a definição impõe a preservação de ≤) e que, de fato, uma função um-a-um que transforma um conjunto parcialmente em outro é uma similaridade se e somente se preserva <.

A transformação identidade em um conjunto **X** parcialmente ordenado é uma similaridade de **X** sobre **X**. Se **X** e **Y** são conjuntos parcialmente ordenados e se **f** é uma similaridade de **X** sobre **Y**, então (dado que **f** é uma função um-a-um) existe uma função inversa $\mathbf{f}^{-1}$ (determinada sem ambigüidade) de **Y** sobre **X**, que é uma similaridade. Se, além disso, **g** é uma similaridade **Y** sobre um conjunto **Z** parcialmente ordenado, então a função composta **gf** é uma similaridade de **X** sobre **Z**. Segue-se destes comentários que se restringirmos a atenção a algum conjunto particular **E**, e se, adequadamente, consideramos somente ordens parciais cujo domínio é um subconjunto de **E**, então a similaridade é uma relação de equivalência no conjunto dos conjuntos parcialmente ordenados assim obtidos. O mesmo é verdade se estreitarmos ainda mais o campo e considerarmos somente boas ordenações cujo domínio está contido em **E**; a similaridade é uma relação de equivalência no conjunto dos conjuntos bem ordenados assim construídos. A despeito de a similaridade para os conjuntos ordenados ter sido definida com ampla generalidade, e o assunto poder ser estudado neste nível, nosso interesse no que se segue será somente em similaridade para conjuntos bem ordenados.

Não é difícil um conjunto bem ordenado ser similar a um de seus subconjuntos próprios; para citar um exemplo considere o conjunto de todos os números naturais e o conjunto de todos os números pares. (Como sempre, um número natural **m** é definido com sendo par se existir um número natural **n** tal que **m = 2n**. A transformação **n** → **2n** é uma similaridade do conjunto de todos os números naturais para o conjunto de todos números pares). Uma similaridade de um conjunto bem ordenado com uma parte de si mesmo é, contudo, um tipo muito especial de transformação. Se, na verdade **f** é uma similaridade de um conjunto bem ordenado **X** sobre si mesmo, então **a** ≤ **f(a)** para cada **a** em **X**. A prova é baseada diretamente na definição de boa ordenação. Se existem elementos **b** tais que **f(b)** < **b**, então existe um menor entre eles. Se **a** < **b**, onde **b** é este menor, então **a** ≤ **f(a)**; segue-se, em particular, no caso de **a** = **f(b)**, que **f(b)** ≤ **f(f(b))**. Contudo, uma vez que, **f(b)** < **b**, o caráter de preservação da ordem de **f** acarreta que **f(f(b))** < **f(b)**. A única maneira de fugir da contradição é admitir a impossibilidade de **f(b)** < **b**.

O resultado do parágrafo precedente possui três úteis conseqüências especiais. A primeira delas é que se dois conjuntos bem ordenados, digamos **X** e **Y**, são de algum modo similares, então há uma única similaridade entre ambos. Suponha que de fato **g** e **h** sejam similaridades de **X** para **Y**, e escreva **f** = $\mathbf{g}^{-1}$ **h**. Sendo **f** uma similaridade de **X** sobre si mesmo, segue-se que **a** ≤ **f(a)** para cada **a** em **X**. Isto significa que **a** ≤ $\mathbf{g}^{-1}$**(h(a))** para cada **a** em **X**. Aplicando **g**, inferimos que **g(a)** ≤ **h(a)** para cada **a** em **X**. A situação é simétrica em **g** e **h**, de modo que podemos também inferir que **h(a)** ≤ **g(a)** para cada **a** em **X**. Conclusão: **g** = **h**.

Uma segunda conseqüência é o fato de um conjunto bem ordenado nunca ser similar a um de seus segmentos iniciais. Se, de fato, **X** é um conjunto bem ordenado, **a** é um elemento de **X**, e **f** é uma similaridade de **X** sobre **s(a)**, então, em particular, **f(a)** $\in$ **s(a)**, de modo que **f(a)** < **a**, e isto é impossível.

A terceira e mais importante conseqüência é o teorema da comparabilidade para os conjuntos bem ordenados. A afirmação desse teorema é a seguinte se **X** e **Y** são conjuntos bem ordenados, então **X** e **Y** são similares, ou um deles é similar a um segmento inicial do outro. Apenas para praticar usaremos na prova o teorema da recorrência transfinita, embora isto pudesse ser facilmente evitado. Assumamos que **X** e **Y** sejam conjuntos não-vazios e bem ordenados de modo que nenhum deles seja similar a um segmento inicial do outro; prosseguiremos provando que sob estas circunstâncias **X** deve ser similar a **Y**. Suponha que **a** $\in$ **X** e que **t** é uma seqüência de tipo **a** em **Y**; em outras palavras **t** é uma função de **s(a)** para **Y**. Seja **f(t)** a menor das cotas superiores próprios da imagem de **t** em **Y**, se é que existe essa cota; em caso contrário, isto é, se não existir, seja **f(t)** o menor elemento de **Y**. Na terminologia do teorema da recorrência transfinita, a função **f** assim determinada é uma função sequência do tipo **X** em **Y**. Seja **U** a função que o teorema da recorrência transfinita associa com esta situação. Um argumento fácil (por indução transfinita) mostra que, para cada **z** em **X**, a função **U** aplica de forma biunívoca o segmento inicial determinado por **a** em **X**, sobre o segmento inicial determinado por **U(a)** em **Y**. Isto acarreta que **U** é uma similaridade, e a prova está completa.

Aqui vai um esboço de uma prova alternativa que não faz uso do teorema da recorrência transfinita. Seja $\mathbf{X_0}$ o conjunto dos elementos **a** de **X** para o qual existe um elemento **b** de **Y** tal que **s(a)** é similar a

s(b). Para cada **a** em $\mathbf{X_0}$, escreve-se **U(a)** para o correspondente **b** em **Y** (unicamente determinado), e seja $\mathbf{Y_0}$ a imagem de **U**. Segue-se que ou $\mathbf{X_0} = \mathbf{X}$, ou então, $\mathbf{X_0}$ é um segmento inicial de **X** e $\mathbf{Y_0} = \mathbf{Y}$.

<u>**Exercício**</u>. Cada subconjunto **X** bem ordenado é similar a **X** ou a um segmento inicial de **X**. Se **X** e **Y** são conjuntos bem ordenados e $\mathbf{X} \cong \mathbf{Y}$ (isto é, **X** é similar a **Y**), então a similaridade leva a menor cota superior (se existir) de cada subconjunto de **X** sobre a menor cota superior da imagem do subconjunto em questão.

Seção 19

Números ordinais

O sucessor $\mathbf{x}^+$ de um conjunto **x** foi definido com $\mathbf{x} \cup \{\mathbf{x}\}$ e, como conseqüência ω foi construído como o menor conjunto que contém **0** e que contém $\mathbf{x}^+$ sempre que contiver **x**. O que acontece se começamos com ω, formamos o seu sucessor ω^+, e, em seguida, formamos o sucessor deste, assim por diante "**ad infinitum**" ? Em outras palavras: existe alguma coisa além de ω, ω^+, $(\omega^+)^+$, ..., etc, no mesmo sentido em que ω está além de **0**, **1**, **2**, ..., etc. ?

A pergunta chama por um conjunto, digamos **T**, contendo ω, tal que cada elemento de **T** (outro que não o próprio ω) pode ser obtido de ω pela repetitiva formação de sucessores. Para formular este pedido mais precisamente introduzimos uma provisória terminologia especial. Digamos que a função **f** cujo domínio é o conjunto dos antecessores estritos de algum número natural **n** (em outras palavras, **dom f = n**) uma ***FUNÇÃO ω-SUCESSOR*** se **f(0) = ω** (desde que **n ≠ 0**, e, sendo assim, **0 < n**), e **f(m⁺) = (f(m))⁺** sempre que **m⁺ < n**. Uma prova não dificil por indução matemática mostra que para cada número natural **n** existe uma única função ω-sucessor com domínio **n**. Para dizer que alguma coisa é igual a ω ou pode ser obtida de ω pela repetida formação de sucessores indica que essa coisa pertence à imagem de alguma função ω-sucessor. Seja **S(n, x)** a senteça que afirma "**n é um número natural e x pertence ao contra-domínio da função ω-sucessor com domínio n**". O que estamos procurando é um conjunto **T** tal que **x ∈ T** se e somente se for verdade que **S(n, x)** para algum **n**; tal conjunto está tão além de ω quanto este está além do **0**.

Sabemos que para cada número natural **n** estamos livres para formar o conjunto **{ x : S(n, x)}**. Em outras palavras, para cada número natural **n**, existe um conjunto **F(n)** tal que **x ∈ F(n)** se e somente se **S(n, x)** é verdade. O elo entre **n** e **F(n)** muito se assemelha a uma função. Acontece, contudo, que nenhum dos métodos de construção de conjuntos que temos visto até aqui é forte o suficiente para provar a existência de um conjunto **F** de pares ordenados tal que **(n, x) ∈ F** se e somente se **x ∈ F(n)**. Para atingirmos este óbvio e desejado estado da arte, precisamos de mais um princípio da teoria dos conjuntos (o último). O novo princípio diz, grosseiramente falando, qualquer coisa de inteligente que se possa fazer com os elementos de um conjunto resulta em um conjunto.

Axioma da Substituição. Se **S(a, b)** é uma sentença tal que para cada **a** em um conjunto **A** o conjunto **{b : S(a, b)}** pode ser formado então existe uma função **F** com domínio **A** tal que **F(a) = {b : S(a, b)}** para cada **a** em **A**.

Dizer que **{b : S(a, b)}** pode ser formado significa, naturalmente, que existe um conjunto **F(a)** tal que **b** $\in$ **F(a)** se e somente se **S(a, b)** é verdade. O axioma da extensão implica que a função descrita no axioma da substituição é unicamente determinada pela sentença e o dado conjunto. A razão para o nome do axioma é que ele capacita-nos a construir um novo conjunto a partir de um velho pela substituição de cada elemento do velho por uma coisa nova.

A mais importante aplicação do axioma da substituição está em extender o processo de contagem para além dos números naturais. A partir do presente ponto de vista, a propriedade crucial de um número natural é ser um conjunto, bem ordenado tal que o segmento inicial determinado por cada elemento é igual a este elemento. (Lembrando que se **m** e **n** são números naturais, então **m** < **n** significa **m** $\in$ **n**; isto implica que **{m** $\in \omega$**: m < n} = n)**. Esta é a propriedade sobre a qual o processo de contagem extendida se baseia; a definição fundamental neste círculo de idéias é devido a ***von Neumann***. ***Um NÚMERO ORDINAL*** é definido como sendo um conjunto bem ordenado α; tal que **S**(ε) = ε para todo ε em α; aqui **s**(ε) é, como antes, o segmento incial **{n** $\in \alpha$**: n** < ε **}**.

Um exemplo de um número ordinal que não é um número natural é o conjunto ω consistindo de todos os números naturais. Isto significa que já podemos ***"contar"*** mais além do que antes podíamos; pois antes só dispúnhamos dos números que constituíam os elementos de ω, agora nós temos o próprio ω. Temos também o sucessor ω^+ de ω; este conjunto ordenado do modo óbvio, e, contudo, a ordenação óbvia é uma boa ordenação que satisfaz a condição imposta sobre os números ordinais. De fato, se $\varepsilon \in \omega^+$, então, por definição de sucessor, ou $\varepsilon \in \omega$, em que já sabemos que **S**(ε) = ε, ou então $\varepsilon = \omega$, em cujo caso **S**(ε) = ω, por definição de ordem, de modo que novamente **S**(ε) = ε. O argumento ora apresentado é bastante geral;

ele prova que se α é um número ordinal, então α^+ também o é. Segue-se que agora o nosso processo de contagem extende-se incluindo ω, ω^+, e $(\omega^+)^+$, e assim por diante até o infinito.

Neste ponto fazemos contato com nossa discussão anterior sobre o que acontece para além de ω. O axioma da substituição implica naturalmente que existe uma única função **F** sobre ω tal que $\mathbf{F(0)} = \omega$ e $\mathbf{F(n^+)} = \mathbf{(F(n))^+}$ para cada número natural **n**. A imagem desta função é um conjunto de interesse para nós; um conjunto ainda de maior importância é a união do conjunto ω com o contradomínio da função **F**. A união é usualmente denotada por $\omega\mathbf{2}$, por razões que ficarão claras somente depois de termos pelos menos passado de relançe a aritmética dos números ordinais. Se, tomando por empréstimo outra vez a notação da aritmética ordinal, escrevemos $\omega + \mathbf{n}$ para **F(n)**, então poderemos descrever o conjunto $\omega\mathbf{2}$ como o conjunto consistindo de todos os **n** (com **n** em ω) e de todos os $\omega + \mathbf{n}$ (com **n** em ω).

Agora é fácil verificar que $\omega\mathbf{2}$ é um número ordinal. A verificação depende, naturalmente, da definição de ordem em $\omega\mathbf{2}$. Neste ponto ambos, a definição de ordem e a prova da ordinalidade são deixadas como exercícios; nossa atenção final volta-se para algumas observações de caráter geral que incluem fatos a respeito de $\omega\mathbf{2}$ como naturais casos especiais.

Uma ordem (parcial ou total) em um conjunto **X** é unicamente determinada por seus segmentos iniciais. Se, em outras palavras, **R** e **S** são ordens em **X**, e se, para cada **x** em **X**, o conjunto de todos os **R-antecessores** de **x** é o mesmo conjunto de todos os **S-antecessores** de **x**, então **R** e **S** são os mesmos. Esta afirmação é óbvia se os antecessores são tomados ou não no sentido estrito. A assertiva aplica-se, em particular, a conjuntos bem ordenados. Deste caso especial podemos inferir que se for possível ordenar bem um conjunto de modo a torná-lo um número ordinal, então, há um único caminho para se fazer isto. O conjunto sozinho nos diz como deve ser a relação que o torna um número ordinal; se esta relação satisfaz as condições, então o conjunto é um número ordinal do contrário, não o é. Dizer que $\mathbf{S}(\varepsilon) = \varepsilon$ significa que os antecessores de ε devem ser exatamente os elementos de ε. A relação em questão é portanto simplesmente a relação de pertencer. Se $\mathbf{n} < \varepsilon$ é definida para significar que $\mathbf{n} \in \varepsilon$ sempre que ε e $\mathbf{n}$ são elementos de um conjunto α, então o resultado é ou não é uma boa ordenação de α tal que $\mathbf{S}(\varepsilon) = \varepsilon$ para cada ε em α, e α é um número ordinal em um dos casos e não no outro.

Concluimos esta discussão preliminar de números ordinais mencionando os nomes de uns poucos primeiros deles. Depois de $\mathbf{0}$, $\mathbf{1}$, $\mathbf{2}$, ... vem ω, e depois de ω, $\omega + \mathbf{1}$, $\omega + \mathbf{2}$, ... vem $\omega\mathbf{2}$. Depois de $\omega\mathbf{2} + \mathbf{1}$ (que é o sucessor de $\omega\mathbf{2}$) vem $\omega\mathbf{2} + \mathbf{2}$, e então $\omega\mathbf{2} + \mathbf{3}$; o próximo depois de todos os termos da seqüência assim iniciada vem $\omega\mathbf{3}$. (Neste ponto uma outra aplicação do axioma da substituição é necessária). A seguir vem $\omega\mathbf{3} + \mathbf{1}$, $\omega\mathbf{3} + \mathbf{2}$, $\omega\mathbf{3} + \mathbf{3}$, ... e depois então vem $\omega\mathbf{4}$. Desse modo obtemos sucessivamente ω, $\omega\mathbf{2}$, $\omega\mathbf{3}$, $\omega\mathbf{4}$, ... Uma aplicação do axioma da substituição resulta algo que segue todos eles do mesmo modo que ω segue os números naturais; este algo é ω^2. Depois disto tudo o procedimento recomeça: $\omega^2 + \mathbf{1}$, $\omega^2 + \mathbf{2}$, ... , $\omega^2 + \omega$, $\omega^2 + \omega + \mathbf{1}$, $\omega^2 + \omega + \mathbf{2}$, ..., $\omega^2 + \omega\mathbf{2}$, $\omega^2 + \omega\mathbf{2} + \mathbf{1}$, ... , $\omega^2 + \omega\mathbf{3}$, ... , $\omega^2 + \omega\mathbf{4}$, ... , $\omega^2\mathbf{2}$, ... , $\omega^2\mathbf{3}$, ... , ω^3, ... , ω^4, ... , ω^ω, ... , $\omega^{(\omega^\omega)}$, ... , $\omega^{(\omega^{(\omega^\omega)})}$, ... O próximo depois de tudo isto é ε_0; a seguir $\varepsilon_0 + \mathbf{1}$, $\varepsilon_0 + \mathbf{2}$, ... , $\varepsilon_0 + \omega$, ... , $\varepsilon_0 + \omega\mathbf{2}$, ... , $\varepsilon_0 + \omega^2$, ... , $\varepsilon_0 + \omega^\omega$, ... , $\varepsilon_0\mathbf{2}$, ... , $\varepsilon_0\omega$, ... , ..., $\varepsilon_0\omega^\omega$, ... , ε_0^2, ...

Seção 20

Conjuntos de números ordinais

Um número ordinal, por definição, é um tipo especial de conjunto bem ordenado; procedemos a examinar suas propriedades especiais.

O fato mais elementar é que cada elemento de um conjunto ordinal α é ao mesmo tempo um subconjunto de α. (Em outras palavras, todo número ordinal é um conjunto transitivo). De fato, se $\varepsilon \in \alpha$, então o fato de $\mathbf{s}(\varepsilon) = \varepsilon$ implica que cada elemento de ε é um antecessor de ε em α, sendo assim, em particular, um elemento de α.

Se ε é um elemento de um número ordinal α, então, como acabamos de ver, ε é um subconjunto de α, e, conseqüentemente, ε é um conjunto bem ordenado (com respeito a ordenação herdada de α).

Afirmação: ε é de fato um número ordinal. De fato se $\eta \in \varepsilon$, então o segmento inicial determinado por η em ε é o mesmo segmento inicial determinado por η em α; uma vez que este último é igual a **n**, também o é o primeiro. Outra maneira de formular o mesmo resultado é dizer que todo segmento inicial de um número ordinal é um número ordinal.

A próxima coisa a notar é que se dois números ordinais são similares, então eles são iguais. Para provar esta proposição, suponha que α e β sejam números ordinais e que **f** é uma similaridade de α sobre β; mostraremos, que **f**(ε) = ε para cada ε em α. A prova é uma aplicação direta da indução transfinita. Escreva **S** = $\{\varepsilon \in \alpha$ **:** **f**$(\varepsilon) = \varepsilon\}$. Para cada ε em α, o menor elemento de α que não pertence a **S**(ε) é o próprio ε. Desde que **f** é uma similaridade, segue-se que o menor elemento de β que não pertence a imagem de **s**(ε) sob **f** é **f**(ε). Estas afirmações implicam que se **s**(ε) $\subset$ **S**, então **f**(ε) e ε são números ordinais com os mesmos segmentos iniciais, e portanto tem-se **f**(ε) = ε. Provamos assim que $\varepsilon \in$ **S** sempre que **s**(ε) $\subset$ **S**. O princípio da indução transfinita implica que **S** = α, e disto segue-se que $\alpha = \beta$.

Se α e β são números ordinais, então, em particular, eles são conjuntos bem ordenados, e, conseqüentemente, eles são similares ou então um deles é similar ao segmento inicial do outro. Se, digamos β é similar a um segmento inicial de α, então β é similar a um elemento de α. Desde que todo elemento de α é um número ordinal, segue-se que β é um elemento de α, ou, ainda em outras palavras, α é uma continuação de β. Agora sabemos que se α e β são números ordinais distintos, então as proposições:

$$\beta \in \alpha,$$

$$\beta \subset \alpha,$$

α é uma continuação de β,

são todas equivalentes uma a outra; se estas proposições são verdadeiras, podemos escrever:

$$\beta < \alpha.$$

O que acabamos de provar é que quaisquer dois números ordinais são comparáveis; ou seja, se α e β são números ordinais, então $\beta = \alpha$, ou $\beta < \alpha$, ou $\alpha < \beta$.

O resultado deste último parágrafo pode ser expresso dizendo que todo conjunto de números ordinais é totalmente ordenado. De fato mais ainda é verdade: todo conjunto de números ordinais é bem ordenado. Suponha que de fato **E** é um conjunto não-vazio de números ordinais, e seja α um elemento de **E**. Se $\alpha \leq \beta$ para todo β em **E**, então α é o primeiro elemento de **E** e tudo está bem. Se este não for o caso, então existe em elemento β em **E** tal que $\beta < \alpha$, isto é, $\beta \in \alpha$; em outras palavras, $\alpha \cap$ **E** não é um conjunto vazio. Desde que α é um conjunto bem ordenado, $\alpha \cap$ **E** possui um primeiro elemento, digamos α_0. Se $\beta \in$ E, então $\alpha \leq \beta$ (em tal caso $\alpha_0 < \beta$), ou $\beta < \alpha$ (caso em que $\beta \in \alpha \cap$ **E** e portanto $\alpha_0 \leq \beta$), e isto prova que E possui um primeiro elemento, no caso α_0.

Alguns números ordinais são finitos; são eles justamente os números naturais (isto é, os elementos de ω). Os outros são denominados ***TRANSFINITOS***; o conjunto ω de todos os números naturais é o menor dos números ordinais transfinitos. Cada número ordinal finito (outro que não o **0**) possui um antecessor imediato. Se um número ordinal transfinito α possui um antecessor imediato β, então, exatamente como acontece com os números naturais, $\alpha = \beta^+$. Nem todo número ordinal transfinito possui um antecessor imediato; estes que não possuem são denominados ***NÚMEROS LIMITES***.

Suponha agora que C é uma coleção de números ordinais. Dado que acabamos de ver, que C é uma cadeia continuação, segue-se que a união α dos conjuntos de C é um conjunto bem ordenado e que para todo ε em C, distinto do próprio α, α é a continuação de ε. O segmento inicial determinado por um elemento em α é o mesmo segmento inicial determinado por aquele elemento que ocorre em um dos conjuntos de C qualquer que seja este conjunto; o que implica ser α um número ordinal. Se $\varepsilon \in C$, então $\varepsilon \leq \alpha$; o número α é uma cota superior dos elementos de C. Se β é outra cota superior de C, então $\varepsilon \subset \beta$ sempre que $\varepsilon \in C$, e, portanto, pela definição de uniões, $\alpha \subset \beta$. O que implica ser α a menor das cotas superiores de C; provamos assim que todo conjunto de números ordinais possui um supremo.

Existe um conjunto que consiste exatamente de todos os números ordinais? É fácil ver que a resposta deve ser não. Se existisse tal conjunto, então poderíamos construir o supremo de todos os números naturais. Este supremo seria um número ordinal maior ou igual a todo número ordinal. Todavia, uma vez que para cada número ordinal existe um estritamente maior (por exemplo, seu sucessor), isto é impossível; não faz sentido falar do "conjunto" de todos os ordinais. A contradição, baseada na afirmação que existe um tal conjunto, constitui o denominado ***PARADOXO BURALI – FORTI***. (***Burali Forti*** é um e não dois homens).

Nosso próximo objetivo é mostrar que o conceito de um número ordinal não é assim tão especial como possa parecer, e que, de fato, cada conjunto bem ordenado assemelha-se a algum número ordinal em todos os seus aspectos essenciais. ***"Semelhança"*** aqui foi empregada no sentido técnico de similaridade. Uma proposição do resultado, em termos informais, seria: cada conjunto bem ordenado pode ser contado:

Teorema da Contagem. Cada conjunto bem ordenado é similar a um único número ordinal.

Prova. Desde que para números ordinais similaridade é o mesmo que igualdade, a unicidade é óbvia. Suponha agora que **X** é um conjunto bem ordenado e que um elemento **a** de **X** é tal que o segmento inicial determinado por cada antecessor de **a** é similar a algum (necessariamente único) número ordinal. Se **S(x,** α**)** é a sentença "α é um número ordinal e **S(x)** $\cong \alpha$", então, para cada **x** em **s(a)**, o conjunto {α **: S(x,** α**)**} pode ser construído; de fato, este conjunto é um singleto. O axioma da substituição implica a existência de um conjunto consistindo extâmente de números ordinais similares a segmentos iniciais determinados pelos antecessores de **a**. Segue-se, seja **a** o sucessor imediato de um de seus antecessores ou o supremo deles todos, que **s(a)** é similar a um número ordinal. Este raciocínio prepara o caminho para uma aplicação do princípio da indução transfinita; a conclusão é que cada segmento inicial em **X** é similar a algum número ordinal. Este fato, em seu devido lugar, justifica outra aplicação do axioma da substituição, parecida com a que foi feita acima; a conclusão final, desejada, é que o conjunto **X** é similar a algum número ordinal.

Seção 21

Aritmética ordinal

Para os números naturais usamos o teorema da recorrência para definir as operações aritméticas, e, conseqüentemente, provamos que aquelas operações estão relacionadas às operações da teoria dos conjuntos em vários e desejáveis modos. Assim, por exemplo, sabemos que o número de elementos na união de dois conjuntos finitos e disjuntos **E** e **F** é igual a **#(E) + #(F)**. Chamamos a atenção que este fato poderia ter sido usado para definir adição. Se **m** e **n** são números naturais, poderíamos ter defindo sua soma encontrando dois conjuntos distintos **E** e **F**, com **#(E) = m** e **#(F) = n** e escrevendo **m + n = # (E ∪ F)**.

Correspondendo ao que foi feito e ao que poderia ter sido feito para os números naturais, existem duas abordagens padrão à aritmética ordinal. Para mudar um pouco, e também porque neste contexto a recorrência parece menos natural, enfatizaremos a abordagem pela teoria dos conjuntos, em vez da abordagem pelo modo da recorrência.

Começamos apontando que existe um caminho mais ou menos óbvio de colocar juntos dois conjuntos bem ordenados para formar um novo conjunto bem ordenado. Falando de modo informal, a idéia é escrever um deles depois o outro logo em seguida. Se tentarmos dizer isto rigorosamente, imediatamente deparamos com a dificuldade que os dois conjuntos podem não ser disjuntos. Em que ponto da argumentação vamos supor ter escrito um elemento que é comum aos dois conjuntos? O modo de fugir da dificuldade é fazer com que os dois conjuntos sejam disjuntos. Isto pode ser feito pintando seus elementos com cores diferentes. Em linguagem mais matemática, substituimos os elementos dos conjuntos pelos mesmos elementos mas tomandos juntos com algum objeto discriminador, usando dois objetos diferentes para os dois conjuntos. Em linguagem totalmente matemática: se **E** e **F** são conjuntos arbitrários, seja **Ê** o conjunto de todos os pares ordenados **(x, 0)** com **x** em **E**, e seja **F̂** o conjunto de todos os pares ordenados **(x, 1)** com **x** em **F**. Os conjuntos **Ê** e **F̂** são claramente disjuntos. Existe uma óbvia correspondência um-a-um entre **E** e **Ê** **(x → (x, 0))** e outra entre **F** e **F̂** **(x → (x, 1))**. Estas correspondências podem ser usadas para aplicar **E** e **F** em **Ê** e **F̂** qualquer que seja a estrutura que **E** e **F** possam possuir, (por exemplo, ordem). Segue-se que em qualquer ocasião que dermos dois conjuntos, com ou sem alguma estrutura adicional, podemos sempre substituí-los por conjuntos disjuntos com a mesma estrutura, e, portanto, podemos assumir, sem nenhuma perda de generalidade, que eles são de início disjuntos.

Antes de aplicar esta construção à aritmética ordinal, alertamos que ela pode ser generalizada para famílias arbitrárias de conjuntos. Se, de fato, $\{E_i\}$ é uma família, escreve-se $\hat{E}_i$ para o conjunto de todos os pares ordenados (x, i) com x em E_i. (Em outras palavras, $\hat{E}_i = E_i \times \{i\}$). A família $\{\hat{E}_i\}$ é disjunta, isto é, para quaisquer dois de seus membros que se considere, a interseção é vazia, e ela pode fazer qualquer coisa que a família original $\{E_i\}$ poderia fazer.

Suponha agora que **E** e **F** sejam conjuntos bem ordenados e disjuntos. Defina-se ordem em $E \cup F$ de modo que pares de elementos em **E**, e também pares de elementos em **F**, retanham a ordem que tinham antes, e de tal modo que cada elemento de **E** precede cada elemento de **F** (Em uma linguagem ultraformal: se **R** e **S** são as dadas relações de ordem em **E** e **F**, respectivamente, seja $E \cup F$ ordenado por $R \cup S \cup (E \times F)$) O fato de serem **E** e **F** bem ordenados implica em $E \cup F$ ser bem ordenado. O conjunto bem ordenado $E \cup F$ é denominado a ***SOMA ORDINAL*** dos conjuntos bem ordenados **E** e **F**.

Existe um útil e fácil caminho de extender o conceito de soma ordinal a infinitas parcelas. Suponha que $\{E_i\}$ seja uma família disjunta de conjuntos bem ordenados indexada por um conjunto bem ordenado I. A soma ordinal da família é a união $\cup_i E_i$, ordenada como se segue. Se **a** e **b** são elementos da união, com $a \in E_i$ e $b \in E_j$, então $a \prec b$ significa que $i < j$ ou então $i = j$ e **a** precede **b** na dada ordem de E_i.

A definição de adição para números ordinais é agora uma brincadeira de criança. Para cada conjunto **X** bem ordenado, seja ord **X** o único número ordinal similar a **X**. (Se **X** é finito, então **ord X** é o mesmo número natural **#(X)** definido anteriormente). Se α e β são números ordinais, sejam **A** e **B** dois conjuntos bem ordenados e disjuntos com **ord A** = α e **ord B** = β, e seja **C** a soma ordinal de **A** e **B**. A ***SOMA*** $\alpha + \beta$ é, por definição, o número ordinal de **C**, de modo que **ord A + ord B = ord C**. É importante notar que a soma $\alpha + \beta$ é independente da particular escolha dos conjuntos **A** e **B**; qualquer outro par de conjuntos disjuntos, com os mesmos números ordinais, teriam dado o mesmo resultado.

Estas considerações extendem-se sem dificuldade ao caso infinito. Se $\{\alpha_i\}$ é uma família de números ordinais bem ordenada e indexada por um conjunto I bem ordenado, seja $\{\mathbf{A}_i\}$ uma família disjunta de conjuntos bem ordenados com **ord** $\mathbf{A}_i = \alpha_i$ para cada **i**, e seja **A** a soma ordinal da família $\{\mathbf{A}_i\}$. A soma $\Sigma_{i \in I}$ **ord** $\mathbf{A}_i$ é, por definição, o número ordinal de **A**, de sorte que $\Sigma_{i \in I}$ **ord** $\mathbf{A}_i$ = **ord A**. Aqui também o resultado final é independente da escolha arbitrária dos conjuntos $\mathbf{A}_i$ bem ordenados; outras escolhas, quaisquer que sejam (com os mesmos números ordinais) teriam dado a mesma soma.

Algumas das propriedades da adição, para números ordinais são boas e outras más. Do lado bom o acervo são as identidades:

$$\alpha + 0 = \alpha,$$

$$0 + \alpha = \alpha,$$

$$\alpha + 1 = \alpha^+,$$

e a lei associativa:

$$\alpha + (\beta + \gamma) = (\alpha + \beta) + \gamma.$$

Igualmente louvável é o fato de ser $\alpha < \beta$ se e somente se existir um número ordinal γ diferente de **0** tal que $\beta = \alpha + \gamma$. As provas de todas estas afirmações são elementares.

Quase todos os maus comportamentos da adição está na falha da lei comutativa. Exemplo: $1 + \omega = \omega$ (mas, como acabamos de ver acima, $\omega + 1 \neq \omega$). O comportamento errado da adição expressa fatos intuitivamente claros a respeito de ordem. Se, por exemplo, anexamos um novo elemento na frente de uma seqüência infinita (de tipo ω), o resultado é claramente igual ao o com que começamos, mas se o anexamos no fim, destruimos à similaridade; o conjunto velho não possui o último elemento, mas o novo sim.

O principal uso das somas infinitas é motivar e facilitar o estudo de produtos. Se **A** e **B** são conjuntos bem ordenados, é natural definir seu produto como o mesmo de adicionar **A** a si mesmo **B** vezes. Para isto fazer sentido, precisamos antes de mais nada manufaturar uma família disjunta de conjuntos bem ordenados, com cada um deles similar a **A**, indexada pelo conjunto **B**. A prescrição geral para fazer com que isto funcione bem aqui: tudo que temos que fazer é escrever $A_b = A \times \{b\}$ para cada **b** em **B**. Se agora examinamos como a definição de soma ordinal se aplica à família $\{A_b\}$, somos levados à seguinte definição. O ***PRODUTO ORDINAL*** de dois conjuntos **A** e **B** bem ordenados é o produto cartesiano $A \times B$ com a ordem lexicográfica invertida. Em outras palavras, se **(a, b)** e **(c, d)** estão em $A \times B$, então $(a, b) < (c, d)$ indica que $b < d$ ou então $b = d$ e $a < c$.

Se α e β são números ordinais, sejam **A** e **B** conjuntos bem ordenados com $\text{ord } A = \alpha$ e $\text{ord } B = \beta$ e seja **C** o produto ordinal de **A** e **B**. ***O PRODUTO*** $\alpha\beta$ é, por definição, o número ordinal de **C**, de modo que $(\text{ord } A)(\text{ord } B) = \text{ord } C$. O produto está definido de forma não ambígua, e independente da escolha arbitrária dos conjuntos bem ordenados **A** e **B**. Alternativamente, neste ponto poderíamos ter evitado em absoluto qualquer arbitrariedade, lembrando que o mais facilmente acessível conjunto bem ordenado cujo número ordinal é α seria o próprio número ordinal α (analogamente para β).

Como a adição, a multiplicação tem suas boas e más propriedades. Entre as boas estão as identidades:

$$\alpha 0 = 0,$$

$$0\alpha = 0,$$

$$\alpha 1 = \alpha,$$

$$1\alpha = \alpha,$$

a lei associativa:

$$\alpha (\beta\gamma) = (\alpha\beta)\gamma,$$

a lei distributiva à esquerda:

$$\alpha (\beta + \gamma) = \alpha\beta + \alpha \gamma,$$

e o fato que se o produto de dois números ordinais é zero, então um dos fatores deve ser zero. (Note que estamos usando o convenção padrão a respeito da multiplicação, ou seja, a precedência sobre a adição; $\alpha\beta + \alpha \gamma$ denota $(\alpha\beta) + (\alpha\gamma)$).

A lei comutativa para a multiplicação falha, e o mesmo acontece para muitas de suas conseqüências. Assim, por exemplo, $2\omega = \omega$ (pense em uma seqüência infinita de pares ordenados), mas $\omega 2 \neq \omega$ (pense em um par ordenado de seqüências infinitas). A lei distributiva à direita também falha; a saber **(**α **+** β**)** γ é em geral diferente de $\alpha\gamma + \beta\gamma$. Exemplo: **(1 + 1)** $\omega = 2\omega = \omega$, mas $\mathbf{1}\omega + \mathbf{1}\omega = \omega + \omega = \omega\mathbf{2}$.

Assim como a adição repetitiva conduz à definição de produtos ordinais, a multiplicação repetitiva poderia ser usada para definir expoentes ordinais. Ou de outro modo, a exponenciação pode ser alcançada via a recorrência transfinita. Os detalhes precisos fazem parte de uma extensiva e altamente especializada teoria dos números ordinais. Neste ponto estaremos contentes sugerindo a definição e mencionando suas mais fáceis conseqüências. Para definir α^β (onde α e β são números ordinais), usa-se a indução transfinita (sobre β). Começa-se escrevendo $\alpha^0 = \mathbf{1}$ e $\alpha^{\beta+1} = \alpha^\beta\alpha$; se β é um número limite, defina-se α^β como o supremo dos números da forma α^γ, onde $\gamma < \beta$. Se este esboço de uma da definição é formulado com cuidado, segue-se que:

$$\mathbf{0}^\alpha = \mathbf{0} \ (\alpha \geq \mathbf{1}),$$

$$\mathbf{1}^\gamma = \mathbf{1},$$

$$\alpha^{\beta+\gamma} = \alpha^\beta \alpha^\gamma,$$

$$\alpha^{\beta\gamma} = (\alpha^\beta)^\gamma.$$

Nem todas as leis familiares de expoentes se mantém; assim, por exemplo, $(\alpha\beta)^\gamma$ é em geral diferente de $\alpha^\gamma \beta^\gamma$. Exemplo: $(\mathbf{2} \cdot \mathbf{2})^\omega = \mathbf{4}^\omega = \omega$, mas $\mathbf{2}^\omega \cdot \mathbf{2}^\omega = \omega \cdot \omega = \omega^2$.

Atenção: a notação exponencial para números ordinais, aqui e abaixo, não é consistente com o nosso uso original dela. O conjunto não ordenado $\mathbf{2}^\omega$ de todas as funções de ω para **2**, e o conjunto bem ordenado $\mathbf{2}^\omega$ que é o menor limite superior da seqüência de números ordinais **2, 2 . 2, 2 . 2 . 2,** etc., não são em absoluto a mesma coisa. Não há nada que se possa fazer contra isto; a prática matemática habitual é firmemente estabelecida nos dois campos. Se, em uma particular situação, o contexto não revela qual das duas interpretações deve ser aceita, então uma explicíta indicação verbal deve ser dada.

Seção 22

O Teorema de Schröder-Bernstein

O objetivo da contagem é comparar o tamanho de um conjunto com o de um outro. O método mais familiar de contar os elementos de um conjunto é dispô-los em ordem apropriada. A teoria dos números ordinais é uma engenhosa abstração do método, mas logo falha no modo de atingir o seu próposito. Isto não quer dizer os números ordinais sejam inúteis; acontece que o seu principal emprego é em algum outro campo, em Topologia, por exemplo, como uma fonte de exemplos e contra-exemplos elucidativos. No que se segue continuaremos dar atenção aos números ordinais, mas deixarão de ocupar o centro do palco. (É de alguma importância saber que na verdade poderíamos dispensar todos eles. A teoria dos números cardinais pode ser construída com a ajuda ou não dos números ordinais; as duas maneiras de construção têm vantagens). Com estas observações preliminares postas à parte, voltamos ao problema da comparação dos tamanhos de conjuntos.

O problema é comparar os tamanhos de conjuntos quando os elementos de um deles aparentemente nada têm a ver com os do outro. É bastante fácil decidir que há mais pessoas na França do que em Paris. Já não é tão fácil, porém, comparar a idade em segundos do universo com a população de elétrons em Paris. Para exemplos matemáticos, considere o seguinte par de conjuntos, definido em termos de um conjunto auxiliar **A**: **(i)** $\mathbf{X} = \mathbf{A}$, $\mathbf{Y} = \mathbf{A}^{+}$; **(ii)** $\mathbf{X} = \mathcal{P}(\mathbf{A})$, $\mathbf{Y} = \mathbf{2}^{\mathbf{A}}$; **(iii)** **X** é o conjunto de todas transformações um-a-um de **A** em si mesmo; **Y** é o conjunto de todos os subconjuntos finitos de **A**. Em cada caso podemos perguntar qual dos dois conjuntos **X** e **Y** tem mais elementos. O problema é encontrar primeiro uma interpretação rigorosa da pergunta e então respondê-la.

O teorema da boa ordenação nos diz que todo conjunto pode ser bem ordenado. Para os conjuntos bem ordenados temos o que parece ser uma medida razoável de tamanho, ou seja, seu número ordinal. Estas duas observações resolvem o problema? Para comparar os tamanhos de **X** e **Y**, podemos só dotar cada um deles de uma boa ordenação e depois comparar **ord X** e **ord Y**? A resposta enfaticamente é não. A dificuldade está em que um mesmo conjunto pode ser bem ordenado de vários modos. O número ordinal de um conjunto bem ordenado mede mais a sua boa ordenação do que o seu tamanho. Para um exemplo concreto considere o conjunto ω de todos os números naturais. Introduza uma nova ordem colocando **0** depois de tudo ou mais. (Em outras palavras, se **n** e **m** são números naturais não nulos, arrume-os em sua ordem natural; se, contudo, $\mathbf{n} = \mathbf{0}$ e $\mathbf{m} \neq \mathbf{0}$, faça **m** preceder **n**). O resultado é uma boa ordenação de ω; o número ordinal desta boa ordenação é $\omega + \mathbf{1}$.

Se **X** e **Y** são conjuntos bem ordenados, então uma condição necessária e suficiente para que **ord X < ord Y** é **X** ser similar a um segmento inicial a **Y**. Segue-se que poderíamos comparar os tamanhos ordinais de dois conjuntos bem ordenados mesmo sem saber nada a respeito de números ordinais; tudo que precisaríamos saber é o conceito de similaridade. Similaridade foi definida para conjuntos ordenados; o conceito central para conjuntos não-ordenados arbitrários é o de equivalência. (Relembre que dois conjuntos **X** e **Y** são ditos equivalentes, **X ~ Y**, quando existe uma correspondência um-a-um entre eles). Se subtituimos similaridade por equivalência, então algo como a sugestão do parágrafo precedente torna-se útil. A questão é que não temos que conhecer o tamanho mas tudo que desejamos é comparar os tamanhos.

Se **X** e **Y** são conjuntos tais que **X** é equivalente a um subconjunto de **Y**, escreveremos:

$$X \precsim Y.$$

A notação é provisória e não merece um nome permanente. Tanto quanto dure, entretanto, é conveniente ter um modo de se referir a ela; uma razoável alternativa é dizer que **Y** ***DOMINA*** **X**. O conjunto dos pares ordenados **(X, Y)** de subconjuntos de algum conjunto **E** para o qual **X** $\precsim$ **Y** constitui uma relação no conjunto potência de **E**. O simbolismo corretamente sugere algumas das propriedades do conceito que ele denota. Uma vez que o simbolismo é remanescente de ordens parciais e que uma ordem parcial é reflexiva, anti-simétrica, e transitiva, podemos esperar que a dominação tenha propriedades semelhantes.

A reflexividade e a transitividade não causam problema. Desde que cada conjunto **X** é equivalente a um subconjunto (digamos **X**) de si mesmo, segue-se que $\mathbf{X} \precsim \mathbf{X}$ para todo **X**. Se **f** é uma correspondência um-a-um entre **X** e um subconjunto de **Y**, e **g** é uma correspondência um-a-um entre **Y** e um subconjunto de **Z**, então podemos restringir **g** a imagem de **f** e compor o resultado com **f**; a conclusão é que **X** é equivalente a um subconjunto de **Z**. Em outras palavras, $\mathbf{X} \precsim \mathbf{Y}$ e $\mathbf{Y} \precsim \mathbf{X}$, então $\mathbf{X} \precsim \mathbf{Z}$.

A questão interessante é a da anti-simetria. Se $\mathbf{X} \precsim \mathbf{Y}$ e $\mathbf{Y} \precsim \mathbf{X}$, podemos concluir que $\mathbf{X} = \mathbf{Y}$? Isto é um absurdo; as afirmações são satisfeitas sempre que **X** e **Y** sejam equivalentes, e conjuntos equivalentes não necessitam ser idênticos. O que então podemos dizer a respeito de dois conjuntos se tudo que sabemos é que cada um deles é equivalente a um subconjunto do outro? A resposta está contida no seguinte importante e celebrado resultado.

Teorema de Schröder–Bernstein. Se $\mathbf{X} \precsim \mathbf{Y}$ e $\mathbf{Y} \precsim \mathbf{X}$, então $\mathbf{X} \sim \mathbf{Y}$.

Observação. Observe que a recíproca, que incidentalmente é um reforço considerável da afirmação de reflexividade, segue trivialmente da definição de dominação.

Prova. Seja **f** uma transformação um-a-um de **X** em **Y** seja **g** a transformação um-a-um de **Y** em **X**; o problema é construir uma correspondência um-a-um entre **X** e **Y**. É conveniente assumir que os conjuntos **X** e **Y** não tenham nenhum elemento em comum; se isto não for verdade, podemos, tão facilmente, torná-lo verdade, que a admitida hipótese não envolve perda de generalidade.

Diremos que um elemento **x** em **X** é o pai do elemento **f(x)** em **Y**, e, analogamente, um elemento **y** em **Y** e o pai de **g(y)** em **X**. Cada elemento **x** de **X** possui uma seqüência infinita de ***DESCENDENTES***, a saber, **f(x)**, **g(f(x))**, **f(g(f(x)))**, etc., e analogamente, os descendentes de um elemento **y** de **Y** são **g(y)**, **f(g(y)**, **g(f(g(y)))**, etc.

Esta definição implica que cada termo na seqüência é um descendente de todos os termos precedentes; diremos também que cada termo na seqüência é um ***ANCESTRAL*** de todos os termos seguintes.

Para cada elemento (em **X** ou **Y**) uma das três coisas deve acontecer. Se mantivermos a busca retroativa da ascestralidade do elemento tanto quanto for possível, então alcançaremos por fim um elemento de **X** que não tem pai (estes orfãos são exatamente os elementos de **X – g (Y)**), ou chegaremos no final a um elemento de **Y** que não possui pai **(Y – f(X))**, ou a linhagem regride ***"ad infinitum"***. Seja X_X o conjunto dos elementos de **X** que tiveram origem em **X** (isto é, X_X consiste dos elementos **X – g(Y)** juntos com todos os seus descendentes em **X**), seja X_Y o conjunto de elementos de **X** que tiveram origem em **Y** (ou seja, X_Y consiste de todos os descendentes em **X** de elementos de **Y – f(X))**, e seja X_∞ o conjunto dos elementos de **X** que não possuem ancestral sem pai. Analogamente reparta **Y** em três conjuntos Y_X, Y_Y, e Y_∞.

Se $x \in X_X$, então $f(x) \in Y_X$, e, de fato, a restrição de **f** a X_X é uma correspondência um-a-um entre X_X e Y_X. Se $x \in X_Y$, então **x** pertence ao domínio da função inversa g^{-1} e $g^{-1}(x) \in Y_Y$; de fato a restrição de g^{-1} a X_Y é uma correspondência um-a-um entre X_Y e Y_Y. Se, finalmente, $x \in X_\infty$; então $f(x) \in Y_\infty$ e a restrição de **f** a X_∞ é uma correspondência um-a-um entre X_∞ e Y_∞; alternativamente, se $x \in X_\infty$, então $g^{-1}(x) \in Y_\infty$, e a restrição de g^{-1} para X_∞ é uma correspondência um-a-um entre X_∞ e Y_∞. Combinando estas três correspondências um-a-um, obtemos uma correspondência um-a-um entre **X** e **Y**.

Exercício. Suponha que **f** seja uma transformação de **X** para **Y** e **g** uma transformação de **Y** para **X**. Prove que existem respectivamente subconjuntos **A** e **B** de **X** e **Y**, tais **f(A) = B** e **g(Y – B) = X - A**. Este resultado pode ser usado para fornecer uma prova do teorema de Schröder–Bernstein que aparentemente é bem diferente da dada acima.

Por ora sabemos que a dominação possui propriedades essenciais de uma ordem parcial; concluimos esta discussão introdutória observando que na verdade a ordem é total. A afirmação é conhecida como o teorema da comparabilidade para conjuntos: diz ela que se **X** e **Y** são conjuntos, então $\mathbf{X} \precsim \mathbf{Y}$ ou $\mathbf{Y} \precsim \mathbf{X}$. A prova é uma conseqüência imediata do teorema da boa ordenação e do teorema da comparabilidade para conjuntos bem ordenados. Ordene ambos **X** e **Y** bem e use o fato que conjuntos bem ordenados são similares ou então um é similar a um segmento inicial do outro; no primeiro caso **X** e **Y** são equivalentes, e no segundo um dos dois é equivalente a um subconjunto do outro.

Seção 23

Conjuntos contáveis

Se **X** e **Y** são conjuntos tais que **Y** domina **X** e **X** domina **Y**, então o teorema de Schröder–Bernstein aplica-se e afirma que **X** é equivalente a **Y**. Se **Y** domina **X** mas **X** não domina **Y**, então **X** não é equivalente a **Y**, assim, escreve-se:

$$X \prec Y,$$

e diremos que **Y** ***DOMINA ESTRITAMENTE*** X.

Dominação e dominação estrita podem ser usadas para expressar alguns dos fatos a respeito de conjuntos finitos e infinitos de uma forma irrepreensível. Relembre o leitor que um conjunto **X** é dito finito se for equivalente a algum número natural; em caso contrário, diz-se infinito. Sabemos que se $X \precsim Y$ e **Y** é finito, então **X** é finito, e sabemos ainda que ω é infinito **(§ 13)**; sabemos também que se **X** é infinito, então $\omega \precsim$ **X (§ 15)**. A recíproca da última afirmação é verdade e pode ser provada diretamente (usando o fato que um conjunto finito não pode ser equivalente a um subconjunto próprio de si mesmo) ou como uma aplicação do teorema de Schröder–Bernstein. (Se $\omega \precsim$ **X**, então é impossível existir um número natural **n** tal que **X** ~ **n**, pois se assim fosse teríamos $\omega \precsim$ **n**, o que contrariaria o fato que ω é infinito).

Acabamos de ver que um conjunto **X** é infinito se e somente se $\omega \precsim$ **X**; a seguir provaremos que **X** é finito se e somente se **X** $\prec \omega$. A prova depende da transitividade da dominação estrita: se **X** $\precsim$ **Y** e **Y** $\precsim$ **Z**, e se pelo menos uma destas dominações é estrita, então **X** $\prec$ **Z**. De fato, é óbvio, que **X** $\precsim$ **Z**. Se tivessemos **Z** $\precsim$ **X**, então teríamos **Y** $\precsim$ **X** e **Z** $\precsim$ **Y** e portanto (pelo teorema de Schröder–Bernstein) **X** ~ **Y** e **Y** ~ **Z**, contrariando a hipótese de dominação estrita. Se, por outro lado, **X** é finito, então **X** ~ **n** para algum número natural, e, uma vez que ω é infinito, **n** $\prec \omega$, de modo que **X** $\prec \omega$. Se reciprocamente, **X** $\prec \omega$, então **X** deve ser finito, pois de outro modo teríamos $\omega \precsim$ **X**, e portanto $\omega \prec \omega$, o que é absurdo.

Um conjunto **X** é dito ***CONTÁVEL*** (ou ***ENUMERÁVEL***) no caso **X** $\precsim \omega$ e ***INFINITO CONTÁVEL*** quando **X** ~ ω. É óbvio que um conjunto contável é finito ou infinito contável. Nosso principal objetivo agora é mostrar que muitas construções da teoria dos conjuntos quando feitas sobre conjuntos contáveis conduzem-nos de volta aos conjuntos contáveis.

Vamos começar com a observação que todo subconjunto de ω é contável, e prosseguindo, deduziremos que, cada subconjunto de conjunto contável é contável. Estes fatos são triviais mas úteis.

Se **f** é uma função de ω sobre um conjunto **X**, então **X** é contável. Para a prova desta afirmação, observe que para cada **x** em **X** o conjunto $\mathbf{f}^{-1}(\{x\})$ não é vazio (visto aqui a característica ***SOBRE*** de **f** é importante), e, conseqüentemente, para cada **x** em **X**, encontraremos um número natural **g(x)** tal que **f(g(x)) = x**. Dado que a função **g** é uma transformação um-a-um de **X** para ω, prova que **X** $\precsim \omega$. O leitor preocupado com tais coisas pode ter notado que esta prova fez uso do axioma da escolha, e pode querer saber se existe uma prova diferente que não dependa daquele axioma. (Existe). O mesmo comentário aplica-se em outras poucas ocasiões desta seção e das seções subseqüentes, mas, controlando-nos não mais o repetiremos.

Segue-se do parágrafo precedente que um conjunto **X** é contável se e somente se existe uma função de algum conjunto contável sobre o conjunto **X**; um resultado relacionado com este é o seguinte: se **Y** é um qualquer e particular conjunto infinito contável, então uma condição necessária e suficiente para um conjunto não-vazio **X** ser contável é que exista uma função de **Y** sobre **X**.

A transformação $\mathbf{n} \to \mathbf{2n}$ é uma correspondência um-a-um entre ω e o conjunto **A** de todos os números pares, de modo que **A** é infinito contável. Isto implica que se **X** é um conjunto contável, então existe uma função **f** que leva **A** sobre **X**. Analogamente, a transformação $\mathbf{n} \to \mathbf{2n + 1}$ é uma correspondência um-a-um entre ω e o conjunto **B** dos números ímpares, e assim sendo, segue-se que se **Y** é um conjunto contável, então existe uma função **g** que leva **B** sobre **Y**. A função **h** que concorda com **f** sobre **A** e com **g** sobre **B** (ou seja, **h(x)** = **f(x)** quando $\mathbf{x} \in \mathbf{A}$ e **h(x)** = **g(x)** quando $\mathbf{x} \in \mathbf{B}$) leva ω para sobre $\mathbf{X} \cup \mathbf{Y}$. Conclusão: a união de dois conjuntos contáveis é contável. Daqui em diante um argumento fácil por indução matemática prova que a união de um conjunto finito de conjuntos contáveis é contável.

O mesmo resultado pode ser obtido imitando o artifício que funcionou para dois conjuntos; o fundamento do método está no fato que para cada número natural não-nulo **n** existe uma família $\{A_i\}$ $(i < n)$ de subconjuntos infinitos disjuntos dois-a-dois de ω cuja união é igual a ω.

O mesmo método pode ser usado para provar mais coisas. Afirmação: existe uma família $\{A_n\}$ $(n \in \omega)$ de subconjuntos infinitos de ω disjuntos dois-a-dois cuja união é igual a ω. Uma maneira de provar esta afirmação é escrever os elementos de ω em uma disposição sugerindo a infinitude das suas linhas e a seguir contar os elementos seguindo as diagonais parciais, de cima para baixo, a partir do zero, como se segue:

0 1 3 6 10 15 ...

2 4 7 11 16 ...

5 8 12 17 ...

9 13 18 ...

14 19 ...

20 ...

...

Outro caminho é construir o conjunto A_0 com **0** e os números ímpares, A_1 o conjunto obtido, dobrando cada um dos elementos não-nulos de A_0, e, indutivamente, seja A_{n+1} o conjunto formado pela multiplicação por **2** de cada elemento de A_n, $n \geq 1$. Qualquer que seja o caminho adotado (há muitos outros expedientes) os detalhes são fáceis de serem completados. Conclusão: a união de uma família infinita contável de conjuntos contáveis é contável. Prova: dada a família $\{X_n\}$ ($n \in \omega$) de conjuntos contáveis, ache a família $\{f_n\}$ de funções tais que, para cada n, a função f_n leva A_n sobre X_n, e defina uma função f de ω sobre $\bigcup_n X_n$ escrevendo $f(k) = f_n(k)$ sempre que $k \in A_n$. Este resultado combinando com o do parágrafo precedente acarreta que a união de um conjunto contável de conjuntos contáveis é sempre contável.

Um corolário útil e interessante é que o produto cartesiano de dois conjuntos contáveis é também contável. Desde que:

$$X \times Y = \bigcup_{y \in Y} (X \times \{y\}),$$

e, também, se X é contável, então para cada y fixado em Y, o conjunto $X \times \{y\}$ é obviamente contável (use a correspondência um-a-um $x \to (x, y)$), o resultado segue do parágrafo precedente.

Exercício. Prove que o conjunto de todos os subconjuntos finitos de um conjunto contável e contável. Prove que se todo subconjunto de um conjunto X totalmente ordenado é bem ordenado, então o próprio X é bem ordenado.

Baseando-se na discussão do parágrafo precedente seria razoável pensar que todo conjunto é contável. Vamos mostrar que não é assim; este resultado negativo faz com que a teoria dos números cardinais fique interessante.

Teorema de Cantor. Todo conjunto é estritamente dominado por seu conjunto potência, ou, em outras palavras,

$$X \prec \mathcal{P}(X)$$

para todo X.

Prova. Há uma natural transformação um-a-um de **X** para $\mathcal{P}$**(X)**, a saber, a transformação que associa a cada elemento **x** de **X** o singleto **{x}**. A existência desta transformação prova que, **X** $\precsim$ $\mathcal{P}$**(X)**; resta provar que **X** não é equivalente a $\mathcal{P}$**(X)**.

Assuma que **f** é uma transformação um-a-um de **X** sobre $\mathcal{P}$**(X)**; nosso objetivo é mostrar que esta hipótese conduz-nos a uma contradição. Escreva **A = {x** $\in$ **X : x** $\in$' **f(x)}**; em palavras, A consiste dos elementos de **X** que não estão contidos no correspondente conjunto. Uma vez que **A** $\in$ $\mathcal{P}$**(X)** e também que **f** leva **X** sobre $\mathcal{P}$**(X)**, existe um elemento **a** em **X** tal que **f(a) = A**. O elemento **a** pertence ou não pertence ao conjunto **A**. Se **a** $\in$ **A**, então, pela definição de **A**, devemos ter **a** $\in$' **f(a)**, o que não é possível, uma vez que **f(a) = A**. Se **a** $\in$' **A**, então, novamente pela definição de **A**, devemos ter **a** $\in$ **f(a)**, o que também é impossível. Surgida a contradição a prova do teorema do Cantor está completa.

Dado que $\mathcal{P}$**(X)** é sempre equivalente a $\mathbf{2}^{\mathbf{X}}$ (onde $\mathbf{2}^{\mathbf{X}}$ é o conjunto de todas as funções de **X** para **2**), o teorema do Cantor implica que **X** $\prec$ $\mathbf{2}^{\mathbf{X}}$ para todo **X**. Se em particular, fazemos ω assumir o papel de **X**, podemos concluir que o conjunto de todos os conjuntos de números naturais é ***INCONTÁVEL*** (isto é, não-contável, não-enumerável), ou de modo equivalente $\mathbf{2}^{\omega}$ é incontável. Aqui $\mathbf{2}^{\omega}$ é o conjunto de todas as sequências infinitas de **0's** e **1's** (isto é, funções de ω para **2**). Note-se que interpretando $\mathbf{2}^{\omega}$ no sentido da exponenciação ordinal, então $\mathbf{2}^{\omega}$ é contável (de fato $\mathbf{2}^{\omega} = \omega$).

Seção 24

Aritmética cardinal

Um resultado do nosso estudo comparativo dos tamanhos dos conjuntos será definir um novo conceito, denominado ***NÚMERO CARDINAL***, e associar a cada conjunto **X** um número cardinal, denotado por **card X**. As definições são tais que para cada número cardinal **a** existem conjuntos **A** com **card A = a**. Definiremos também uma ordenação para números cardinais, denotada como é usual por $\leq$. O elo entre estes novos conceitos e os já a nossa disposição é fácil de descrever: resulta que **card X = card Y** se e somente se **X** $\sim$ **Y**, e **card X < card Y** se e somente **X** $\prec$ **Y** (Se **a** e **b** são números cardinais, **a < b** significa, naturalmente, que **a** $\leq$ **b** mas **a** $\neq$ **b**).

A definição de números cardinais pode ser alcançada por vários e diferentes caminhos, tendo cada um deles fortes pontos a favor. Para manter a paz o tanto quanto possível, e demonstrar que as propriedades essenciais do conceito são independentes do modo como são abordadas, deixaremos para mais tarde a construção básica. Sendo assim, procederemos ao estudo da aritmética dos números cardinais. No decorrer deste estudo faremos uso do elo, descrito acima, entre a desigualdade cardinal e a relação dominação; este tanto de um empréstimo futuro será suficiente para o nosso propósito.

Se **a** e **b** são números cardinais, e se **A** e **B** são conjuntos disjuntos tais que **card A = a** e **card B = b**, escrevemos, por definição, **a + b = card (A ∪ B)**. Se **C** e **D** são conjuntos disjuntos com **card C = a** e **card D = b**, então **A ~ C** e **B ~ D**; segue-se que **A ∪ B ~ C ∪ D**, e portanto **a + b** é definido sem ambigüidade, independentemente da escolha arbitrária de **A** e **B**. A adição cardinal, assim definida, é comutativa **(a + b = b + a)**, e associativa **(a +(b + c) = (a + b) + c)**; estas identidades são conseqüências imediata dos correspondentes fatos a respeito da formação de uniões.

Exercício. Prove que se **a**, **b**, **c**, e **d** são números cardinais tais que **a ≤ b** e **c ≤ d**, então **a + c ≤ b + d**.

Não há nenhuma dificuldade a respeito da definição da adição para infinitas parcelas. Se $\{a_i\}$ é uma família de números cardinais, e se $\{A_i\}$ é a correspondente família indexada de conjuntos disjuntos dois-a-dois tais que **card** $A_i = a_i$ para cada **i**, então escrevemos, por definição:

$$\Sigma_i a_i = \text{card } (U_i A_i).$$

Como antes, a definição é sem ambigüidade.

Para definir o produto **ab** de dois números cardinais **a** e **b**, procuram-se conjuntos **A** e **B** com **card A = a** e **card B = b**, e escreve-se **ab = card (A × B)**. A substituição de **A** e **B** por conjuntos equivalentes conduz ao mesmo valor do produto. Alternativamente, poderíamos definir **ab** pela "**adição de a a si mesmo b vezes**"; isto refere-se à formação da soma infinita $\Sigma_{i \in I}$ $\mathbf{a}_i$, onde o conjunto I de índice tem o número cardinal **b**, e onde $\mathbf{a}_i = \mathbf{a}$ para cada **i** em I. O leitor não teria nenhuma dificuldade em verificar que esta proposta definição alternativa é na verdade equivalente àquela que usa produtos cartesianos. A multiplicação cardinal é comutativa **(ab = ba)** e associativa **(a (bc) = (ab) c)**, e a multiplicação se distribui em relação à adição **(a (b + c) = ab + ac)**; as provas são elementares.

Exercício. Prove que se **a**, **b** e **c**, e **d** são números cardinais tais que $\mathbf{a} \leq \mathbf{b}$ e $\mathbf{c} \leq \mathbf{d}$, então $\mathbf{ac} \leq \mathbf{bd}$.

Não apresenta nenhuma dificuldade a definição da multiplicação para infinitos fatores. Se $\{\mathbf{a}_i\}$ é uma família de números cardinais, e se $\{\mathbf{A}_i\}$ é a correspondente família indexada de conjuntos tais que card $\mathbf{A}_i = \mathbf{a}_i$ para cada **i**, então escrevemos, por definição,

$$\Pi_i \, \mathbf{a}_i = \mathbf{card} \, (\mathsf{X}_i \, \mathbf{A}_i).$$

A definição não é ambígüa.

Exercício. Se $\{\mathbf{a}_i\}$ $(\mathbf{i} \in \mathrm{I})$ e $\{\mathbf{b}_i\}$ $(\mathbf{i} \in \mathrm{I})$ são famílias de números cardinais tais que $\mathbf{a}_i < \mathbf{b}_i$ para cada **i** em I, então $\Sigma_i \, \mathbf{a}_i < \Pi_i \, \mathbf{b}_i$.

De produtos podemos ir a expoentes do mesmo modo que fomos de soma para produtos. A definição $\mathbf{a}^{\mathbf{b}}$, para números cardiais **a** e **b**, é mais vantajosa dada diretamente, mas uma abordagem alternativa se desenvolve via multiplicação repetida. Para a definição direta, encontre conjuntos **A** e **B** tais que **card A = a** e **card B = b**, e escreva $\mathbf{a}^{\mathbf{b}}$ = **card** $\mathbf{A}^{\mathbf{B}}$. Alternativamente, para definir $\mathbf{a}^{\mathbf{b}}$ **"multiplique a por si mesmo b vezes"**. Mais precisamente: construa $\Pi_{i \in I}\, \mathbf{a}_i$, onde o conjunto I de índices possui **b** como número cardinal, e onde $\mathbf{a}_i = \mathbf{a}$ para cada **i** em I. As familiares leis para expoentes são válidas. A saber, se **a**, **b**, e **c** são números cardiais, então:

$$\mathbf{a}^{\mathbf{b}+\mathbf{c}} = \mathbf{a}^{\mathbf{b}}\,\mathbf{a}^{\mathbf{c}},$$

$$(\mathbf{ab})^{\mathbf{c}} = \mathbf{a}^{\mathbf{c}}\,\mathbf{b}^{\mathbf{c}},$$

$$\mathbf{a}^{\mathbf{bc}} = (\mathbf{a}^{\mathbf{b}})^{\mathbf{c}}.$$

Exercício. Prove que se **a**, **b** e **c** são números cardiais tais que $\mathbf{a} \leq \mathbf{b}$, então $\mathbf{a}^{\mathbf{c}} \leq \mathbf{b}^{\mathbf{c}}$. Prove que se **a** e **b** são finitos, maiores do que **1**, e **c** é infinito, então $\mathbf{a}^{\mathbf{c}} = \mathbf{b}^{\mathbf{c}}$.

As definições precedentes e suas conseqüências são imediatas e de forma alguma surpreendentes. Se são restritas a só conjuntos finitos, o resultado é a familiar aritmética que todos nós conhecemos. A novidade do assunto surge na formação de somas, produtos, e potências nas quais pelo menos um termo é infinito. As palavras **"finito"** e **"infinito"** são usadas aqui em um sentido muito natural; um número cardinal é ***FINITO*** se for o número cardinal de um conjunto finito, e ***INFINITO*** em caso contrário.

Se **a** e **b** são números cardinais tais que **a** é finito e **b** é infinito, então:

$$\mathbf{a} + \mathbf{b} = \mathbf{b}.$$

Para a prova, suponha que **A** e **B** sejam conjuntos disjuntos tais que **A** é equivalente a algum número natural **k** e **B** é infinito; temos para provar que $\mathbf{A} \cup \mathbf{B} \sim \mathbf{B}$. Uma vez que $\omega \precsim \mathbf{B}$, podemos e devemos assumir que $\omega \subset \mathbf{B}$. Definimos uma transformação **f** de $\mathbf{A} \cup \mathbf{B}$ para **B** como se segue: a restrição de **f** a **A** é uma correspondência um-a-um entre **A** e **k**, a restrição de **f** a ω é dada por **f(n) = n + k** para todo **n**, e a restrição de **f** a **B** – ω é a transformação identidade de **B** – ω. Dado que o resultado é uma correspondência um-a-um entre **A** $\cup$ **B** e **B**, a prova está completa.

A seguir: se **a** é um número cardinal infinito, então:

$$\mathbf{a + a = a.}$$

Para a prova, seja **A** um conjunto tal que **card A = a**. Uma vez que o conjunto **A** $\times$ **2** é a união de dois conjuntos disjuntos equivalentes a **A** (ou seja, **A** $\times$ **{0}** e **A** $\times$ **{1}**), seria suficiente provar que **A** $\times$ **2** é equivalente a **A**. A abordagem que usaremos não vai provar completamente este tanto, mas chegará bastante próximo disto. A idéia é fazer a construção aproximada da correspondência um-a-um desejada usando subconjuntos cada vez maiores de **A**.

Falando precisamente, seja $\mathcal{F}$ a coleção de todas as funções **f** tais que o domínio de **f** é da forma **X** $\times$ **2**, para algum subconjunto **X** de **A**, e ainda que **f** mantenha uma correspondência um-a-um entre **X** $\times$ **2** e **X**. Se **X** e um subconjunto infinito contável de **A**, então **X** $\times$ **2** ~ **X**. Isto acarreta que a coleção $\mathcal{F}$ é não-vazia; no mínimo contém a correspondência um-a-um entre **X** $\times$ **2** e **X** para subconjuntos **X** infinitos contáveis de **A**. A coleção $\mathcal{F}$ é parcialmente ordenada por extensão. Uma vez que uma verificação direta mostra que as hipóteses do ***Lema de Zorn*** são satisfeitas, segue-se por exemplo que *F* contém um elemento maximal f com imagem **f = X**.

Afirmação: **A – X** é finito. Se **A – X** fosse infinito, ele incluiria um conjunto infinito contável, digamos **Y**. Combinando **f** com uma correspondência um-a-um entre **Y** $\times$ **2** e **Y** poderíamos obter uma extensão própria de **f**, em contradição com a assumida maximalidade.

Dado que **card X + card X = card X**, e que **card A = card X + card (A − X)**, o fato de **A − X** ser finito completa a prova que **card A + card A = card A**.

Eis aqui mais um resultado da aritmética cardinal: se **a** e **b** são números cardinais e pelo menos um deles é infinito, e se **c** é igual ao maior deles, então:

$$a + b = c.$$

Suponha que **b** seja infinito, e sejam **A** e **B** dois conjuntos disjuntos com **card A = a** e **card B = b**. Dado que **a** $\leq$ **c** e **b** $\leq$ **c**, segue-se que **a + b** $\leq$ **c + c**, e uma vez que **c** $\leq$ **card (A** $\cup$ **B)**, conclui-se que **c** $\leq$ **a + b**. O resultado segue-se da anti-simetria da ordenação dos números cardinais.

O resultado principal na aritmética multiplicativa cardinal é que se **a** é um número cardinal infinito, então:

$$a \,.\, a = a.$$

A prova assemelha-se à do correspondente fato da adição. Se $\mathcal{F}$ a coleção de todas as funções **f** tais que o domínio de **f** é da forma **X** $\times$ **X** para algum subconjunto **X** de **A**, e tal que **f** é uma correspondência um-a-um entre **X** $\times$ **X** e **X**. Se **X** é subconjunto infinito contável de **A**, então **X** $\times$ **X** ~ **X**. Isto implica que a coleção $\mathcal{F}$ é não-vazia; no mínimo ela contém correspondências um-a-um entre **X** $\times$ **X** e **X** para subconjuntos **X** infinitos contáveis de **A**. A coleção $\mathcal{F}$ é parcialmente ordenada por extensão. As hipóteses do lema de Zorn são verificadas facilmente, e segue-se, por exemplo, então que $\mathcal{F}$ contém um elemento maximal **f** com imagem **f** = **X**. Desde que **(card X)(card X)** = **card X**, a prova pode ser completada mostrando que **card X** = **card A**.

Assuma que **card X** < **card A**. Uma vez que **card A** é igual ao maior dos dois, **card X** e **card (A – X)**, acarreta que **card A** = **card (A – X)**, e portanto tem-se **card X** < **card (A – X)**. Disto segue-se que **A – X** possui um subconjunto **Y** equivalente a **X**. Uma vez que cada um dos conjuntos disjuntos **X** × **Y**, **Y** × **X** e **Y** × **Y** são infinitos e equivalentes a **X** × **X**, e portanto a **X** e também a **Y**, segue-se que a união deles é equivalente a **Y**. Combinando **f** com uma correspondência um-a-um entre àquela união e **Y**, obtemos uma extensão própria de **f**, em contradição com a maximilidade assumida. O que acarreta ser a nossa presente hipótese **(card X** < **card A)** insustentável e sendo assim temos a prova completa.

Exercício. Prove que se **a** e **b** são números cardinais e pelo menos um deles infinito, tem-se **a** + **b** = **ab**. Prove ainda que se **a** e **b** são números cardinais tais que **a** é infinito e **b** finito, então $\mathbf{a}^{\mathbf{b}}$ = **a**.

Seção 25

Números cardinais

Até agora já sabemos muito sobre números cardinais, mas ainda não sabemos o que eles são. Falando vagamente, podemos afirmar que o número cardinal de um conjunto é a propriedade que o conjunto tem em comum com todos os conjuntos equivalentes a ele. Podemos tentar tornar isto preciso dizendo que o número cardinal de **X** é igual ao conjunto de todos os conjuntos equivalentes a **X**, mas esta tentativa irá falhar; não existe conjunto tão grande assim. A próxima coisa a ser tentada, sugerida pela analogia com a nossa abordagem para a definição de número natural, é definir o número cardinal de um conjunto **X** como equivalente a um particular e cuidadosamente selecionado conjunto equivalente a **X**. É o que passamos a fazer.

Para cada conjunto **X** existem muitos outros conjuntos equivalentes a **X**; nosso primeiro problema é estreitar o terreno. Uma vez que sabemos que todo conjunto é equivalente a algum número ordinal, é natural procurar por conjuntos típicos, os conjuntos representativos, entre os números ordinais.

Para ser exato, um conjunto pode ser equivalente a muitos números ordinais. Um sinal esperançoso, entretanto, é o fato de para cada conjunto **X**, os números ordinais equivalentes a **X** constituem por si mesmos um conjunto. Para provar isto, primeiro observe que é fácil construir um número ordinal que seja seguramente maior, estritamente maior, do que todos os números ordinais equivalentes a **X**. Suponha que de fato γ é um número ordinal equivalente o conjunto $\mathcal{P}$**(X)**. Se α é um número ordinal equivalente a **X**, então o conjunto α é estritamente dominado pelo conjunto γ (isto é, **card** $\alpha <$ **card** γ). Segue-se que não podemos ter $\gamma \leq \alpha$, e, conseqüentemente, devemos ter $\alpha < \gamma$. Uma vez que, para números ordinais, $\alpha < \gamma$ significa a mesma coisa que $\alpha \in \gamma$, encontramos um conjunto, ou seja, γ, que contém todo número natural equivalente a **X**, e isto acarreta que os números ordinais equivalentes a **X** constituem um conjunto.

Entre os números ordinais equivalentes a **X** qual deles deve ser isolado e denominado o número cardinal de **X**? A pergunta tem uma única e só resposta natural. Todo conjunto de números ordinais é bem ordenado; o menor elemento de um conjunto bem ordenado é o único que parece clamar por merecer atenção especial.

Estamos agora preparados para a definição: um ***NÚMERO CARDINAL*** é um número ordinal α tal que se β é um número ordinal equivalente a α (isto é, **card** α = **card** β) então $\alpha \leq \beta$. Os números ordinais com esta propriedade têm sido também chamados

NÚMEROS INICIAIS. Se **X** é um conjunto, então **card X**, o número cardinal de **X** (conhecido também como a ***POTÊNCIA*** de **X**), é o menor número ordinal equivalente a **X**.

Exercício. Prove que cada número cardinal infinito é um número limite.

Desde que cada conjunto é equivalente a seu número cardinal, segue-se que se **card X = card Y**, então **X ~ Y**. Se, reciprocamente, **X ~ Y**, então **card X ~ card Y**. Dado que **card X** é o menor número ordinal equivalente a **X**, segue-se que **card X ≤ card Y**, e, desde que a situação é simétrica em **X** e **Y**, temos também **card Y ≤ card X**. Em outras palavras **card X = card Y** se e somente se **X ~ Y**; isto foi uma das condições sobre números cardinais que tivemos necessidade no desenvolvimento da aritmética cardinal.

Um número ordinal finito (ou seja, um número natural) não é equivalente a qualquer número ordinal finito distinto de si mesmo. Segue-se que se **X** é finito, então o conjunto dos números ordinais equivalentes a **X** é um singleto, e, conseqüentemente, o número cardinal de **X** é o mesmo número ordinal de **X**. Números cardinais e números ordinais ambos são generalizações dos números naturais; nos casos familiares em que são finitos as duas generalizações coincidem com o caso especial que inicialmente deu origem a eles. Como uma aplicação quase que trivial destas observações, podemos agora calcular o número cardinal de um conjunto potência $\mathcal{P}$**(A):** se **card A = a**, então **card** $\mathcal{P}$**(A) =** $\mathbf{2^a}$. (Note-se que o resultado, embora simples, não poderia ter sido estabelecido antes; até agora não sabíamos que **2** é um número cardinal). A prova é imediata considerando o fato que $\mathcal{P}$**(A)** é equivalente a $\mathbf{2^A}$.

Se α e β são números ordinais, sabemos o que isto significa para poder afirmar que $\alpha < \beta$ ou $\alpha \leq \beta$. Segue-se que números cardinais vem até nós automaticamente equipados com uma ordem. A ordem satisfaz as condições que pedimos emprestado para nossa discussão da aritmética cardinal. De fato: se **card X < card Y**, então **card X** é um subconjunto de **card Y**, e segue-se que **X** $\precsim$ **Y**. Se tivéssemos **X ~ Y**, então, como já vimos antes, nós teríamos **card X = card Y**; portanto devemos ter **X** $\prec$ **Y**. Se, finalmente, **X** $\prec$ **Y**, então é impossível que **card Y ≤ card X** (pois similaridade implica equivalência), e portanto **card X < card Y**.

Como uma aplicação destas considerações mencionamos a desigualdade válida

$$\mathbf{a} < \mathbf{2}^{\mathbf{a}},$$

para todos os números cardinais **a**. Prova: se **A** é um conjunto tal que **card A = a**, então **A** $\prec$ $\mathcal{P}$**(A)**, e portanto **card A < card** $\mathcal{P}$**(A)**, logo: $\mathbf{a} < \mathbf{2}^{\mathbf{a}}$.

<u>**Exercício**</u>. Se **card A = a**, qual é o número cardinal do conjunto de todas as transformações um-a-um de **A** sobre si mesmo? Qual é o número cardinal do conjunto de todos os subconjuntos infinitos contáveis de **A**?

Os fatos a respeito da ordenação de números ordinais são ao mesmo tempo fatos da ordenação de números cardinais. Assim, por exemplo, sabemos que quaisquer dois números cardinais são comparáveis (sempre ocorre **a < b** ou **a = b** ou **b < a**), e que, na verdade, todo conjunto de números cardinais é bem ordenado. Sabemos também que todo conjunto de números cardinais possui uma cota superior (na verdade, um supremo), e que, entretanto, para todo conjunto de números cardinais existe um número cardinal estritamente maior do que qualquer outro deles. Naturalmente isto acarreta que não existe o maior número cardinal, ou, de modo equivalente, não existe um conjunto que consiste exatamente de todos os números cardinais. A contradição, baseada na hipótese de que exista um tal conjunto, é conhecida como ***PARADOXO DE CANTOR***.

O fato de números cardinais serem números ordinais especiais simplica alguns aspectos da teoria, mas, ao mesmo tempo, introduz a possibilidade de alguma confusão que é essencial evitar. Uma maior fonte de dificuldade é a notação para as operações aritméticas. Se **a** e **b** são números cardinais, então também são números ordinais, e, conseqüentemente, a soma **a + b** tem dois significados possíveis. A soma cardinal de dois números cardinais não é, em geral, a mesma da sua soma ordinal. Tudo isto soa pior do que é; na prática é fácil evitar confusão. O contexto, o uso de símbolos especiais para números cardinais, e um ocasional e explícito alerta pode fazer a discussão fluir facilmente.

Exercício. Prove que se α e β são números ordinais, então **card** $(\alpha + \beta) =$ **card** α + **card** β e **card** $(\alpha\beta) =$ **(card** α**)(card** β**)**. A seguir faça a interpretação ordinal das operações no lado esquerdo e a interpretação cardinal no lado direito das igualdades.

Um dos especiais símbolos para números cardinais usado muito freqüentemente é a primeira letra ($\aleph$, aleph) do alfabeto hebraico. Assim em particular o menor número ordinal transfinito, isto é, ω, é um número cardinal, e, como tal, é sempre denotado por $\aleph_0$.

Cada um dos números ordinais que temos até aqui nomeado explicitamente são contáveis. Em muitas das aplicações da teoria dos conjuntos um importante papel é desempenhado pelo menor número ordinal não-contável, freqüentemente denotado por Ω. A mais importante propriedade de ω é ser um conjunto infinito e bem ordenado com cada um dos seus segmentos iniciais finitos; correspondentemente, a mais importante propriedade de Ω é ser um conjunto infinito bem ordenado, mas não-contável e cujos segmentos iniciais são contáveis.

O menor número ordinal Ω não-contável satisfaz é claro a condição de definição de um número cardinal; em seu papel de número cardinal é sempre denotado por $\aleph_1$. De modo equivalente, $\aleph_1$ pode ser caracterizado como número cardinal estritamente maior que $\aleph_0$, ou, em outras palavras, o sucessor imediato de $\aleph_0$ na ordenação dos números cardinais.

A relação aritmética entre $\aleph_0$ e $\aleph_1$ é motivo de um velho e famoso problema a respeito de números cardinais. Como ir de $\aleph_0$ para $\aleph_1$ por meio de operações aritméticas? O que sabemos até agora é que os passos mais elementares, envolvendo somas e produtos apenas conduz $\aleph_0$ de volta a $\aleph_0$. A coisa mais simples que sabemos fazer iniciando com $\aleph_0$ e terminando com algo maior é da forma $\mathbf{2}^{\aleph_0}$. Sabemos, contudo, que $\aleph_1 \leq \mathbf{2}^{\aleph_0}$. Uma pergunta importante: esta desigualdade é estrita? Existe um número cardinal incontável estritamente menor que $\mathbf{2}^{\aleph_0}$? A celebrada ***HIPÓTESE DO CONTÍNUO*** alega, como uma conjectura, que a resposta é não, ou, em outras palavras, que $\aleph_1 = \mathbf{2}^{\aleph_0}$. Tudo que se sabe ao certo é que a hipótese do contínuo é consistente com os axiomas da teoria dos conjuntos *.

---

* *Como resultado dos trabalhos de Paul Cohen (1961) sabemos que a negação da hipótese do contínuo é também consistente com os axiomas da teoria dos conjuntos. Esta situação é vista como incômoda para muitos: em termos estritos de teoria dos conjuntos, podemos escolher usar ou não a hipótese do contínuo, ou seja a hipótese do contínuo é indecidida em termos da teoria dos conjuntos. N. R.*

Para cada número cardinal infinito a, considere o conjunto **c(a)** de todos os números cardinais infinitos que são estritamente menores do que **a**. Se **a** = $\aleph_0$, então **c(a)** = $\varnothing$; se **a** = $\aleph_1$, então **c(a)** = $\{\aleph_0\}$. Uma vez que **c(a)** é um conjunto bem ordenado, ele tem um número ordinal, digamos α. O elo entre **a** e α é expresso usualmente por **a** = $\aleph_\alpha$. Uma definição equivalente de números cardinais $\aleph_a$ procede-se por indução transfinita; de acordo com esta abordagem $\aleph_\alpha$ (para α > **0**) é o menor número cardinal estritamente maior do que todos $\aleph_\beta$'s com $\beta < \alpha$. A ***HIPÓTESE GENERALIZADA DO CONTÍNUO*** é a conjectura que $\aleph_{\alpha+1} = \mathbf{2}^{\aleph_\alpha}$ para cada número ordinal α.

Índice

Ancestral, 151

Antecessor, 94

Anti-simétrica, 5, 91-92

Aritmética

Cardinal, 159-160, 169

Ordinal, 129

Argumento, 49

Aussonderungsaxiom, 10

Axioma

da escolha, 100

da especificação, 10-11

da extensão, 4

da infinitude, 73

da paridade, 15

das potências, 31

da substituição, 128

das uniões, 19

Burali–Forti, 136

Bem ordenado, 111-112

Cadeia, 91

Cantor

paradoxo, 171

teorema, 157-158

Coleção, 1

Condição, 10

Conjunto, 1

Comparável, 109

Contável, 155

Finito, 87

Infinito, 87

Potência, 31, 84, 169

Similar, 121

Transitiva, 5, 46

Vazio, 14

Complemento, 27

Continuação, 114

Coordenada

Primeira, 37

segunda, 37

Correspondência, 50

Cota

Inferior, 96

Superior, 96

Dedekind, 104

Definição por indução, 82

transfinita, 121

De Morgan, 28

Descendentes, 150

Diferença simétrica, 29

Disjuntos dois-a-dois, 24

Distributiva, 24

Domina, 149

Domínio, 45

Dualidade, 29

E, 10

Elemento, 2

Em e sobre, 45, 49

Equivalente, 86-87

Exponenciação, 145, 158

Extensão, 52

Família, 55

Família não-vazia, 57

Função, 49-50

característica, 54

composta, 64

definição, 49-50

escolha, 101

gráfico, 50

inversa, 62, 64-65

linear, 92

seqüência, 119

Hipótese do contínuo, 172

Idempotente, 22

Igualdade de conjuntos, 4

Imagem, 51

Implicação, 9

Inclusão, 6

Índice, 55

Indução matemática, 78

finita, 78

transfinita, 135

Ínfimo, 96

Infinito, 74, 87

Injetiva, 51

Interseção, 23, 24

Máximo, 96

Maximal, 105

Maior que, 94

Menor que, 94

Minimal, 95

Módulo, 46

Número, 74

Cardinal, 159-160, 169

Inicial, 169

Limite, 136

Natural, 74

Ordinal, 133

Transfinito, 135

Operações

Adição, 83

Exponenciação, 145, 158

Produto, 84

Operador, 50

Operadores lógicos, 9

Ordem, 91

Lexicográfica, 97

Linear, 92

Preservação, 122, 123

Simples, 92

Total, 92

Par, 15

Ordenado, 37

não-ordenado, 15

Pai, 150

Para sobre, 155

Partição, 46

Peano, axiomas, 77-80

Potência, 27

Produto

Cartesiano, 38

Ordinal, 143

Relativo, 66

Quádrupla Ordenada, 59

Recorrência Transfinita, 120

Relação, 43

Binária, 43

de equivalência, 46

fraca, 94-95

induzida, 47

pertinência, 3

quaternária, 44

reflexiva, 5, 45

restrita, 52

simétrica, 5, 46

ternária, 43

transitiva, 5, 46

Restrição, 52

Russel, 12

Schroder–Bernstein, 150-151

Segmento inicial, 94

Sentença atômica, 9

Seqüência, 74

Singleto, 16

Sobre, 52

Soma booleana, 29

Sucessor imediato, 95

Subconjunto próprio, 96

Supremo, 97

Teorema

da comparação, 124-125, 151-152

da contagem, 137

da recorrência transfinita, 120

Termo, 55

Todo, 9

Torre, 108

Transformação, 50

Canônica, 52

Identidade, 51

Tripla, 22-23

Ordenada, 59

União, 19-20

Universo, 12

Valor da função, 50

Variáveis, 59

Von Neumann, 129

Zorn, lema, 105-106

Impressão e acabamento
Gráfica da Editora Ciência Moderna Ltda.
Tel: (21) 2201-6662